Richard Deiß

Weg ist das Ziel

Wie ich tausendundeine Stadt in Deutschland besuchte

Adresse des Autors:

Machnower Str. 65
D-14165 Berlin
E-Mail: richard.deiss@gmail.com

Anregungen und Verbesserungsvorschläge sind willkommen und werden in der nächsten Ausgabe berücksichtigt.

Herstellung und Verlag: BoD - Books on Demand, Norderstedt
Zweite Auflage 2020, Originalausgabe

Printed in Germany

ISBN   978-3-7519-164-24

Der Inhalt des Buches entspricht der Privatmeinung des Autors.

Bibliografische Information der Deutschen Nationalbibliothek
Die Deutsche Nationalbibliothek verzeichnet diese Publikation in der Deutschen Nationalbibliografie; detaillierte bibliografische Daten sind im Internet über http://dnb.d-nb.de abrufbar

Inhalt

Vorwort

Als Student hatte die von Fritz J. Raddatz herausgegebene *ZEIT-Liste der 100 Bücher* einen großen Einfluss auf mich. Hundert wurde für mich zur wichtigen Referenzzahl und da ich Geographie studierte, fragte ich mich, was eigentlich die 100 Top-Städte Deutschlands wären. Damals war ich oft mit einer DB-Netzkarte unterwegs, um die in den 1980er Jahren noch auf Westdeutschland begrenzte Bundesrepublik zu erkunden. Ich sah über hundert Städte und hatte eine selbst gezeichnete Landkarte an der Wand, auf welcher die Attraktivität der Städte von rot (höchste Stufe), über orange bis gelb und weiß (niedrigste Attraktivität) markiert war. 1990 zog ich nach Karlsruhe und besuchte entsprechend viele baden-württembergische Städte. Später hatte ich eine reisefreudige Freundin und besuchte mit ihr weitere deutsche Städte. Um das Jahr 2010 zählte ich alle besuchten deutschen Städte und kam auf fast 400. Da entdeckte ich im Internet eine Reisewebseite, mit Votings zu den schönsten Städten pro Bundesland. Das waren insgesamt etwa 400 Städte, von denen mir noch ungefähr 150 fehlten. Die tickte ich dann auch noch ab. Weil ich ab 2010 eine Wohnung in Bonn hatte, begann ich auch alle historischen Orts- und Stadtkerne von NRW zu besuchen. Als ich das geschafft hatte, mittlerweile hatte ich eine Wohnung in Berlin, klapperte ich noch die historischen Städte Brandenburgs ab. Mittlerweile erreichte die Zahl der besuchten Städte über 700 und ich beschloss, die runde Zahl 1000 noch voll zu machen, was ich im Herbst 2015 erreichte. Seither sind weitere hinzugekommen. In diesem Büchlein ist kein Platz, über all diese Städte zu berichten. Zu 250 Städten sind jedoch kleine Texte enthalten, die hoffentlich für den einen oder anderen Leser interessante Informationen enthalten.

Berlin im Juli 2020
Richard Deiß

1000 Städte in Deutschland

Karte, welche alle von mir in Europa besuchten Städte zeigt (rote Punkte). Der Westen und Süden Deutschlands ist sehr dicht mit roten Punkten bedeckt.

1. Berlin und Brandenburg

In Berlin, wo ich eine Wohnung habe, war ich in der Vergangenheit fast einmal pro Monat. Berlin kenne ich deshalb relativ gut. Berlin ist jedoch von der `Streusandbüchse´ Mark Brandenburg umgeben, wo es, außer Potsdam, kaum größere historische Städte gibt. Nach der Wende unterstütze Nordrhein-Westfalen (NRW) Brandenburg beim Aufbau von Verwaltungsstrukturen. Im November 1987 wurde in NRW die *Arbeitsgemeinschaft Historische Stadtkerne* gegründet, 1990 die *Arbeitsgemeinschaft Historische Ortskerne*. 59 historische Stadt- und Ortskerne sind seither in diesen Arbeitsgemeinschaften vertreten. Von diesem Beispiel inspiriert, gründete sich am 22. Mai 1992 die *Arbeitsgemeinschaft Städte mit historischen Stadtkernen des Landes Brandenburg*. Ursprünglich waren es 20 Mitgliedstädte, mittlerweile sind es 31 (siehe Grafik 3 im Anhang). Während es in NRW 3.3 Orte pro 1 Million Einwohner sind, hat Brandenburg 12. Zudem reicht die Geschichte vieler Städte in Brandenburg weniger weit zurück als weiter westlich in Deutschland, wo manche Orte schon von den Römern gegründet wurden. Nachdem ich alle historischen Stadt- und Ortskerne von NRW besucht hatte, nahm ich mir das Gleiche für Brandenburg vor. Das war schwieriger, denn so mancher Ort lag ziemlich an der Peripherie des Landes und war nicht Mal mit der Bahn erreichbar. Etliche Orte waren auch sehr klein und wenig belebt, und bei manchem Ort musste ich denken, oh, viel gibt´s hier ja nicht zu sehen, jede schwäbische Reichstadt hat zehnmal so viele Fachwerkhäuser und interessantere Architektur. Immerhin repräsentieren diese Orte 27% der 113 Städte in Brandenburg und auch durch deren Besuch war ich mittlerweile in über der Hälfte der Brandenburger Städte.

<u>Die zehn Städte, welche mich am meisten beeindruckten</u>

Berlin

Berlin kannte ich noch vor dem Mauerfall, zumindest den Westteil. Am 9. November 1989, als die Mauer fiel, wollte ich meinen damals in Berlin lebenden Bruder anrufen, doch ich kam nicht durch, so überlastet waren die Leitungen und am nächsten Tag sagten alle nur *Wahnsinn, Wahnsinn*. Berlin war vor dem Fall etwas Besonderes, eine Stadt wo zwei politische und ökonomische Systeme aufeinander- stießen. Manche sagten scherzhaft, *die Stadt mit der am besten erhaltenen Stadtmauer der Welt*. Faszinierend war in den 1980er Jahren die Bohème- und Punkszene in Kreuzberg, vor allem im legendären Postzustellbezirk SO 36. Und wenn man von Berlin nach Westdeutschland trampte, traf man immer ein buntes junges Völkchen an den Auffahrten zu den Transitautobahnen. Seit der Wende hat sich Berlin natürlich rasant verändert und vernachlässigte Innenstadtteile wurden erst hipp und dann gentrifiziert, allen voran der Prenzlauer Berg (Prenzlberg) und Mitte. Weiter draußen, außerhalb des hundekopfförmigen S-Bahn-Rings ist weniger davon zu spüren. Oberschöneweide wird z.B. immer noch zu Oberschweineöde verballhornt.

Potsdam

Jüngere Besucher zieht Berlin an, weil es so eine `crazy city´ ist. Nur wenige realisieren jedoch, dass Potsdam ein *mad stop* ist, zumindest von hinten gelesen. Potsdam ist heute eine der am schnellsten wachsenden Städte im Osten des Landes. Potsdam profitiert von der Suburbanisierung Berlins und der Funktion als Landeshauptstadt. In kaum einer anderen Stadt wird so viel Historisches wieder rekonstruiert. Interessant ist dabei, wie Wiederaufbaugegner und Aufbaubefürworter verschiedene Gruppen vereinen. Auswärtige, vor allem aus dem Westen, sind meist für die

Rekonstruktion. Einheimische sind oft dafür, DDR-Bauten zu erhalten, zum Beispiel das Merkurhotel oder die mittlerweile abgerissene Fachhochschule am Alten Markt. Unterstützt werden sie oft von eher modern bzw. links-liberal eingestellten Medienschaffenden aus dem Westen. Beim Wiederaufbau der Garnisonkirche verlaufen die Fronten dagegen relativ klar zwischen links und konservativ. So oder so ist Potsdam eine Stadt, die einen kaum kalt lässt und einen manchmal sogar umhaut, wenn man Bauten, wie das Neue Palais, den Einstein-Turm von Mendelsohn oder das Brandenburger Tor sieht.

Cottbus

Bei Cottbus (sorbisch Chosebuz), der zweitgrößten Stadt des Landes, knapp an der 100 000 Einwohnerzahl schrammend, denken manche an den Zungenbrecher `der Cottbuser Postkutscher putzt den Cottbuser Postkutsch-kasten´. Die Stadt wird zudem mit dem nahen Braunkohle-bergbau verbunden (Fußballverein Energie Cottbus). Bei meinem ersten Besuch in Cottbus kurz nach der Wende, machte die Stadt mit der unwirtlichen Gegend um den Hauptbahnhof, wo noch viele unsanierte Plattenbauten standen, auf mich keinen guten Eindruck. Später fange ich an, Kunstmuseen zu sammeln und finde das Kunstmuseum Dieselkraftwerk Cottbus und seine Umgebung richtig gut. Wieder ein paar Jahre später sammle ich Opernhäuser und komme deshalb im Februar 2018 wieder und besuche das schöne Jugendstiltheater, das einzige Opernhaus Brandenburgs.

Frankfurt/Oder

Frankfurt an der Oder hat mit einer Namensgleichheit zu kämpfen. Immerhin führt das dazu, dass dann auch jeder weiß, an welchem Fluss die Stadt liegt. Böll erzählte einmal die Anekdote, wie er in seiner Wahlheimat Irland einmal mit einem DM-Schein bezahlen wollte. Der Ire traute der Sache nicht und meinte, das könnte ja auch ein DDR-Schein sein. Böll antwortete, das stünde ja Frankfurt (Bundesbank) als Ortsbezeichnung drauf. Der Ire daraufhin, diese Stadt gäbe es ja auch in Ostdeutschland. Böll verweist auf den Schrägstrich /Main. Da verließen den Iren die Geographiekenntnisse (im Übrigen bedeutet Main im Englischen ja haupt). *Frankfurt/Oder was*? könnte man beim Namen der Stadt auch denken.

Frankfurt/O hat auch den Beinamen Kleiststadt. Heinrich von Kleist (1777-1811) wurde hier geboren und schon zweimal war ich im nahe der Oder gelegenen Kleist-Museum. Kleist hat sich mit seiner Partnerin Henriette Vogel am 21. November 1811 in Berlin-Wannsee erschossen. Schon lange wollte ich den dort vorhandenen Gendenkstein sehen, aber leider schaffte ich es nie. Bei Frankfurt/Oder fällt mir immer auch Gabriela Mendling (1959-2006) ein. Weil ihr Mann Chefarzt am örtlichen Klinikum wurde, hatte es sie es kurz nach der Wende von Wuppertal dorthin verschlagen. Als Westfrau litt sie unter dem miefigen feindseligen Osten. Ihre Erfahrungen verarbeitete sie im Buch *NeuLand*, welches sie unter dem Pseudonym Luise Endlich veröffentlichte. Kurze Zeit später folgte ein zweiter Band, *Ostwind*. Das löste neue Anfeindungen aus und 2000 zogen die Mendlings nach Berlin, wo Gabriela Mendling nach schwerer Krankheit bereits 2006 starb.

☞1999 prägte der aus Darmstadt stammende, seit 1998 in Frankfurt/Oder lebende Aktionskünstler Michael Kurzwelly (*1963), den Begriff *Slubfurt* für eine fiktive Stadt bestehend aus Slubice und Frankfurt.

Brandenburg/Havel

Lange hat mich die Stadt Brandenburg nicht besonders beeindruckt. Denn sie stagnierte bis in die frühen 2000er und die Stadtkernsanierung kam langsamer voran als anderswo. Mittlerweile wächst sie jedoch und entwickelt sich zur Auspendlerstadt nach Berlin. Das Zentrum ist saniert und viele Wasserläufe tragen zur Attraktivität bei. Weil sie den gleichen Namen wie das Bundesland hat, ist sie dennoch bundesweit eher wenig bekannt.

Buckow und Brecht

Zu den schönsten Kleinstädten Brandenburgs, von mir leider erst 2020 besucht und gleich begeistert, gehört Buckow in der Märkischen Schweiz. Hier stimmt einfach alles. Es gibt eine bewegte Topographie mit Hügeln und mehreren Seen, einen putzigen verwinkelten Stadtkern mit Kirche und Fachwerkhäusern und das Brecht-Weigel-Haus, welches Bertolt Brecht von 1952 bis 1956 als Sommerhaus genutzt hat.

Guben

Guben hieß von 1961-1990 *Wilhelm-Pieck-Stadt Guben*, der DDR-Staatspräsident wurde hier geboren, allerdings im östlichen, heute als Gubin zu Polen gehörenden Teil der Stadt. Guben ist eine der Städte, die seit der Wende am stärksten geschrumpft sind. Guben hat seit 1990 die Hälfte der damals 33 000 Einwohner verloren. Dazu beigetragen haben die extrem periphere Lage und die Textilindustrieprägung, mit entsprechende Arbeitsplatzverlusten. Geht man durch die Stadt, sieht man Spuren der früheren Bedeutung als Industriestadt sowie Bemühungen, die schrumpfende Stadt als preisgünstigen Standort für Altenwohnungen, ähnlich wie Görlitz, zu positionieren. Bereits im Jahr 1900 war Guben eine große Mittelstadt mit 33 000 Einwohnern, durch die eine Straßenbahn fuhr. Guben wurde im Zweiten Weltkrieg zu 90% zerstört. Die Reste der ehemaligen Altstadt finden sich heute auf der polnischen Seite, in Gubin (16 000 Einwohner). Dort sind noch das eindrucksvolle alte Rathaus und eine Kirchenruine zu sehen. Es gibt aber Bestrebungen, diese Stadt- und Hauptkirche wiederaufzubauen.

Jüterbog

Mit der hübschen Stadt Jüterbog verbindet mich ein Schreibfehler. In einem meiner Bahnhofsbücher hatte ich es fälschlicherweise Jüteborg geschrieben (ich dachte wohl an Göteborg). Im Dezember 2012 kam ich hier nachmittags an und es wurde schon dunkel. Der Weg vom Bahnhof zur Innenstadt war weit. Was von der backsteingeprägten Stadt mit ihren Toren und Türmchen zu sehen war, schien jedoch sehenswert.

Kyritz an der Knatter

Kyritz ist eine nette Kleinstadt aber tiefste Provinz. Daran erinnert eine am Marktplatz eingelassene Bodenplatte auf der zu lesen ist `Dieser Stein erinnert an den 14.02.1842. Hier geschah um 10:57 NICHTS.´ Weil es hier früher viele knarzende Windmühlen gab wird die Stadt spaßeshalber auch *Kyritz an der Knatter* genannt. Also Humor haben sie.

Finsterwalde bzw. Dusterbusch

Finsterwalde ist eine freundliche Stadt am Südrand Brandenburgs. Nur der Name klingt so, als ob der Ort im finstersten Walde läge, was es schwierig macht, Neubürger anzuziehen. Ende des 19. Jahrhunderts gab es einen Schlager `Wir sind die Sänger von Finsterwalde´ und seit dieser Zeit wird hier alle zwei Jahre das Finsterwalder Sängerfest gefeiert. So konnte die Stadt ab 2013 durchsetzen, dass sie auf den Ortsschildern den freund-licheren Zusatz *Sängerstadt* tragen darf. Im Volksmund heißt sie dennoch scherzhaft auch *Dusterbusch*.

Calau

In der Schuh- und Witzestadt Calau (von hier sollen die Kalauer kommen) hatte ich ein Problem. Der Bahnhof lag doch recht weit vom Stadtkern. Dazu gibt es den Witz, *Warum liegt der Bahnhof in Calau so weit draußen? Weil er an die Schienen gebaut wurde.* Ein Körnchen Wahrheit liegt sogar darin, denn der Bahnhof findet sich an einer Stelle, wo sich zwei Bahnlinien kreuzen.

Von **Fürstenberg** hat es mich vor einigen Jahren nach Himmelpfort verschlagen. So heißt ein Ortsteil von Fürstenberg und aufgrund dieses Namens verfügt er über ein Weihnachtspostamt. Damals war ich mit dem Taxi von Fürstenberg nach Lychen (Besuch des Flößereimuseums) unterwegs und sah zufällig diesen Namen.

Ein Ort, welcher in der Wendezeit im Gespräch war, war **Wandlitz**. Hier wohnte die DDR-Elite und es gingen Fotos durch die Presse, wie gut hier im Gegensatz zur übrigen DDR der Funktionärssupermarkt ausgestattet war. Es gab Bananen und Ananas.

Ganz am Südrande Brandenburgs liegt **Ortrand**. Hier stieg ich einmal aus dem Zug, um den Kutschenberg zu besuchen, die mit 201 m höchste Erhebung Brandenburgs.

Eisenhüttenstadt war als sozialistische Modellstadt geplant und hieß ursprünglich Stalinstadt. Mit der Entstalinisierung nach 1953 wurde der Ort in Eisenhüttenstadt umbenannt, in der DDR jedoch als *Blechbudenhausen* verspottet. Als ich im Winter 2013 die Stadt besuche, gehe ich nicht zum Stahlwerk, sondern Richtung Oder und entdecke an der Einmündung des Oder-Spree-Kanals in die Oder den alten Dorfkern von Fürstenberg, dem aber noch die Belebtheit und die Kneipen eines richtigen Altstadtkerns fehlen.

Was mir an **Ziesar** auffiel? Die Weise, wie der Ort ausgesprochen wird, dreisilbig mit Betonung auf dem e.

Entsprechend korrigierte mich der Taxifahrer, als ich von Genthin hierhin unterwegs war.

Ein Ort, den ich nur wegen seines Namens besuchte, ist die kleine Stadt **Müllrose**. Man stellt sich vor, wie im Müll eine Rose blüht und in der Tat liegt sie nicht weit von Eisenhüttenstadt entfernt.

Zwei Orte in Brandenburg, die ich schlecht auseinanderhalten kann sind **Lübben** und **Lübbenau**, beide liegen auch noch im Spreewald. **Bad Wilsnack** war einst eine bedeutende Pilgerstadt, aber beim Stadtnamen denke ich immer, ob ich wirklich einen Snack will. **Schwedt** an der Oder ist eine in den letzten drei Jahrzehnten stark schrumpfende Industriestadt mit großer Erdölraffinerie. Um die Stadt attraktiver wirken zu lassen und die Lage am Nationalpark Oder herauszustreichen, darf sie sich seit 2013 offiziell *Nationalparkstadt* nennen. Manche sähen gerne den Beinamen *Perle der Uckermark*. Den hat jedoch schon Templin inne. Auf das neoklassische preußische Erbe weist ein weiterer älterer Beiname hin: *Potsdam der Uckermark*.

Besuchte Städte in Berlin/Brandenburg: 66 von 114

<u>Top Städte (Deutschland 120):</u>
Berlin, Potsdam, Brandenburg, Cottbus

<u>Quermania-Städte:</u> Berlin, Potsdam, Brandenburg, Cottbus, Luckau, Jüterbog, Bad Freienwalde, Neuruppin, Templin

<u>Historische Stadtkerne Brandenburg: siehe Anhang 3</u>

<u>Andere besuchte Orte:</u>
Bad Liebenwerda, (Bad Saarow), Bad Wilsnack, Bernau, Buckow, (Chorin), Calau, Eisenhüttenstadt, Erkner, Falkenberg, Frankfurt (Oder), Fürstenwalde, Guben, Havelsee, Joachimsthal, Königs Wusterhausen, Müncheberg, Müllrose, Lübben, Luckenwalde, Neustadt (Dosse), Oranienburg, Prenzlau, Pritzwalk, Rathenow, Schwedt, Seelow, Senftenberg, (Stahnsdorf), Strausberg, Teltow, Ventschau, (Wandlitz), Werneuchen, (Woltersdorf), Zehdenick, Zossen.

2. Mecklenburg-Vorpommern

Mecklenburg-Vorpommern ist ein kleines, schrumpfendes Bundesland mit nur 1.6 Millionen Einwohnern. Bismarck meinte einst, wenn die Welt unterginge, würde er nach Mecklenburg ziehen, denn dort passiere alles 50 Jahre später. Die wirtschaftliche Spätentwicklung hat allerdings auch dazu geführt, dass viele alte Städte hier weniger durch die Industrialisierung überformt wurden als anderswo. Weil es hier zudem weniger Kriegszerstörungen gab, hat Mecklenburg-Vorpommern, im Volksmund auch Meck-Pomm genannt, heute einen überproportionalen Anteil sehenswerter Städte. Mittlerweile sind alle Altstädte saniert und erscheinen in frischem Backsteinglanz.

<u>Die zehn Städte, welche mich am meisten beeindruckten</u>

Schwerin

Die Landeshauptstadt Schwerin ist im Zweiten Weltkrieg nicht zerstört worden und durch die vielen Gewässer und das Schloss ebenfalls sehenswert. Leider ist sie zu klein, um *schwer in* zu sein. Nach langen Jahren der Schrumpfung, hofft sie jedoch, wieder über die 100 000 Einwohner-Marke zu kommen (zurzeit 96 000 Einwohner). Noch zu DDR-Zeiten war Schwerin die erste Stadt im Osten, welche ich besucht hatte. Damals gab es auch in der DDR eine kleine Energiekrise und ein Stadtplaner erklärte uns, wie man bei Neubaugebieten wieder mehr auf die Straßenbahn setzen würde. Schwerin schien mir damals in besserem Erhaltungszustand als die Industriestädte im Süden, die ich während der Exkursion auch noch kennen lernen sollte.

Als ich 1999 die Stadt nochmal besuchte waren die Straße zum Schloss mit seiner Märchenatmosphäre und der Platz davor bereits so gut saniert, dass sich ein richtiger wow-Effekt einstellte.

Rostock

Rostock ist größer und etwas rauer als Schwerin. Schon 1994 verschlug mich eine Dienstreise in diese Stadt und die Fußgängerzone machte bereits einen guten Eindruck auf mich. Auch Warnemünde, wo die Tagung stattfand, ist ein s-ehr ansehnlicher Ortsteil, mit schönem Ostseestrand und kleinen Gassen am alten Hafen. Ich las dann, für Rostock sei sieben die heilige Zahl. Die Stadt hat sieben Buchstaben, sieben Kirchen, sieben Stadttore etc. Im Herbst 2018 besuchte ich eine Opernaufführung in Rostock und fand mich in einem der bescheidensten Opernhäuser Deutschlands.

Wismar und Stralsund

Die Hansestädte Wismar und Stralsund finden sich seit 2002 auf der UNESCO-Welterbeliste. Zunächst kam die Stadtsanierung im weiter westlich gelegenen und besser erreichbaren Wismar schneller voran. Hier sah der riesige historische Marktplatz schon Ende der 90er Jahre wie geschleckt aus. Stralsund hinkte dem lange hinterher, hat aber mittlerweile, begünstigt auch durch den Boom des Ostsee- und Rügentourismus, aufgeholt und bietet heute ein beeindruckendes mittelalterliches Stadtbild. Die lange sterbende Altstadt zog in den letzten Jahren neue Bewohner an.

Greifswald

Greifswald im pommerschen Landesteil besitzt die älteste Universität des Ostseeraumes. Diese wurde bereits 1456 gegründet. Zu DDR-Zeiten gab es bei den Studenten dieser etwas am Rande des Landes gelegenen Uni den Spruch: *In Greifswald weinst du zweimal* (Wenn du ankommst, und wenn du wieder gehen musst). Auch heute ist diese beschauliche und übersichtliche Stadt nicht unbedingt etwas für Großstadtfans. Dazu passt die Legende von der Herkunft des Wortes Landpomeranze. Diese ist ein Begriff aus dem 19. Jahrhundert für eine wenig kultivierte, ländlich-provinzielle, vor allem weibliche Person. Dies leitet sich von der Südfrucht Pomeranze ab und entsprechende Frauen sollen ähnlich gerötete Wangen gehabt haben. In Berlin gibt es jedoch die Theorie, dass sich der Ausdruck auf die eher derben weiblichen jungen Bediensteten, die aus ländlichen Gegenden Pommerns kamen, ableitet.

Weil Greifswald klein ist bietet die Stadt aber kurze Wege und eine hohe Lebensqualität und wer sich erstmals mit den Verhältnissen arrangiert hat, geht hier auch nicht mehr so gerne weg. Das Kulturangebot ist beträchtlich. Das Pommersche Landesmuseum ist eines der schönsten Kunst- und Geschichtsmuseen des Landes. Zudem gibt es ein Museum für den aus Greifswald stammenden Maler Caspar David Friedrich (1774-1840). Leider jedoch ohne Originalgemälde. Sogar ein stattliches Theater mit klassischer Säulenfront und Opernaufführungen gibt es.

Güstrow

Die Stadt Güstrow ist eng mit dem Bildhauer Ernst Barlach (1870-1938) verbunden, hier gibt es ein Barlach-Museum und ein Barlach-Engel schwebt durch den Dom. Im Dezember 1981 wurde die Stadt im Westen zusätzlich durch einen Besuch von Kanzler Helmut Schmidt per Bahn bekannt. Honecker überreichte Schmidt dabei durch das Zugfenster ein Hustenbonbon. Güstrow hat im Stadtzentrum ein sehenswertes, aber sanierungsbedürftiges Schloss. Eine Schulfreundin, teilweise als Künstlerin tätig, besucht die Stadt Ende der 90er Jahre und ist begeistert und meint, wenn das mal alles durchsaniert ist können die Städte im Westen einpacken. Ich beschaffe mir hier einen Kühlschrankmagneten, um die Stadt in die Liste der 100 sehenswertesten Orte Deutschlands aufzunehmen.

Parchim

Parchim in Westmecklenburg fiel mir bei meinem einzigen Besuch als hübsche Kleinstadt mit viel behaglicher Backsteinarchitektur auf, darunter Kirchen mit dicken Backsteintürmen und einem Rathaus mit Treppengiebel und schmucke Fachwerkhäuser gibt es hier auch.

Teterow, das Schilda des Nordens.

Die sehenswerte Kleinstadt Teterow mit ihrer gut erhaltenen historischen Bausubstanz gilt als das *Schilda des Nordens*. Ein Beispiel für einen Schildbürgerstreich: Einst hatte ein Stadtfischer einen kapitalen Hecht gefangen. Um ihn für ein Stadtfest frisch zu halten, beschlossen die Stadtväter, ihn mit einer Glocke um den Hals zurück in den See zu setzen. Die Glocke würde leuten und der Fisch sich so wiederfinden lassen. Der Fischer fuhr hinaus, setzte den Hecht mit Glocke ins Wasser und schnitt fürs leichtere Auffinden genau an der Stelle, wo er den Fisch ins Wasser ließ, eine Kerbe in sein Fischerboot.

Neubrandenburg

Aus Neubrandenburg wird man nicht ganz schlau. Im Krieg hielten sich die Zerstörungen eigentlich in Grenzen und die Stadt wurde kampflos an die Rote Armee übergeben Die Rotarmisten brannten jedoch die Altstadt weitgehend ab. Der DDR-Wiederaufbau erfolgte entlang der historischen Grundrisse und mit relativ hoher gestalterischer Qualität, so dass man sich oft nicht ganz sicher ist, ob man es mit Neubauten oder mit einfach sanierter historischer Architektur zu tun hat. Bei den Wiekhäusern in der Stadtmauer geht man dann davon aus, dass diese Reste historischer Architektur darstellen. Dabei handelt es sich jedoch um Neubauten der 1970er und 1980er Jahre.

Putbus (Rügen)

Auf Rügen gibt es nur vier Städte: Bergen, zentraler Verwaltungsort der Insel, Saßnitz, Putbus und Garz. Ich klappere diese Städte sogar zweimal hintereinander ab, da beim zweiten Mal ein Bekannter dabei ist, der sie ebenfalls sehen möchte. Die schönste dieser kleinen Städte ist die planmäßig im klassizistischen Stil angelegte Weiße Stadt Putbus. Hier gibt es den kreisförmigen von klassizistischen Gebäuden gesäumten Circus, eine Orangerie und sogar ein historisches Theater mit klassischer Säulenfront. Hier sehe ich im Dezember 2018 eine Opernaufführung. Zu DDR-Zeiten wurden Zuschauer aus ganz Rügen mit Bussen hierher gekarrt, um das Theater zu füllen. Und sogar eine Schmalspurdampfbahn hält im Ort. Das ehemalige Schloss Putbus wurde leider 1964 abgerissen.

Weitere Städte

Neustrelitz war bis 1918 Landeshauptstadt von Mecklenburg-Strelitz. Es gibt noch zahlreiche Spuren der ehemaligen Funktion als Residenzstadt. Zum Beispiel ein Opernhaus, in welchem ich im Februar 2018 die Dreigroschenoper sehe. Das Schloss Neustrelitz brannte jedoch 1945 aus, die Ruine wurde 1950 abgetragen. Es gibt mittlerweile einen Beschluss, den Schlossturm wieder-aufzubauen. Das würde dem Residenzviertel, wo noch Schlosskirche, Orangerie und Tempel des Hofgartens erhalten geblieben sind, wieder mehr Geschlossenheit und residenzstädtisches Flair geben. Dem Rest der Stadt fehlt es an Sehenswürdigkeiten, Leben und urbaner Dichte.

Eine sehenswerte Stadt ist das in der Mecklenburger Seenplatte gelegene **Waren an der Müritz**. Als ich mit einer armenischen Bekannten einmal eine Schifffahrt auf der Müritz mache fragt sie, der lokalen Geografie wenig gewahr, ob das Schiff eine Staatsgrenze überqueren würde.

Ich mache bei einer anderen Gelegenheit mal den Scherz, die Stadt wäre wegen ihres Namens vor der Wende bei DDR-Bürgern angesichts der Mangelwirtschaft (Waren) sehr beliebt gewesen. Der Zug von Stralsund nach Berlin fährt durch **Anklam** und von der Bahnstrecke sieht man Backsteinbauten mit hanseatischer Anmutung. Ein Besuch der Stadt zeigte jedoch, dass Anklam zu den wenigen vorpommerschen Städten gehört, welche im Krieg stärker zerstört wurden. Man sieht aber auch, dass man durch Abriss von Plattenbauten und kleinteiligerer Neubebauung versucht am Marktplatz dem alten Stadtbild wieder näher zu kommen. Außerdem gibt es das Projekt die Nikolaikirche als Lilienthal-Zentrum wieder aufzubauen. Der Flugpionier Otto Lilienthal wurde in Anklam geboren. Eine noch stärker von DDR-Plattenbauarchitektur geprägte Innenstadt findet sich in **Pasewalk**. Hier war es durch die nahe Kriegsfront zu starken Zerstörungen der Innenstadt gekommen. Als ich mit einem Freund im Dezember 2018 die Stadt besuche, finden wir nur Reste historischer Bebauung.

Besuchte Orte in Mecklenburg-Vorpommern: 37 v. 84

Top Städte (Deutschland Top 120): **Schwerin, Stralsund, Wismar, Rostock, Greifswald, Güstrow**

UNESCO-Welterbestädte : Stralsund, Wismar.

Quermania-Städte: Wismar, Schwerin, Stralsund, Rostock, Güstrow, Putbus, Neustrelitz, Greifswald, Bad Doberan, Ostseebad Kühlungsborn, Parchim, Teterow, Ueckermünde, Neustadt-Glewe, Woldegk.

Andere besuchte Orte: (Ahrenshoop), Anklam, (Bad Kleinen), Barth, Bergen, (Binz), Demmin, Gadebusch, Grabow, Garz (Rügen), Grevesmühlen, Grimmen, Ludwigslust, Klütz, Neubrandenburg, Parchim, Pasewalk, Ribnitz-Damgarten, Saßnitz, Schönberg, Strasburg, (Sellin), Stavenhagen, Torgelow, Teterow, (Velgast), Waren, (Zingst), (Züssow)

3. Sachsen-Anhalt

Etwa ein Drittel der Städte von Sachsen-Anhalt habe ich bisher besucht (36 von 104 Städten). Dabei konnte ich schon in den 1980er Jahren im Rahmen einer geographischen DDR-Exkursion wichtige Städte wie Magdeburg, Halle, Wernigerode und Halberstadt kennen lernen, damals teilweise in bedrückendem baulichen Zustand.
Eine Bekannte meinte einmal, in Brandenburg gäbe es nur wenig sehenswerte Städte. Eine Ausnahme wäre Havelberg. Dabei liegt Havelberg in Sachsen-Anhalt, allerdings an der Havel, die man eher mit Brandenburg assoziiert, und unweit der brandenburgischen Landesgrenze. Sachsen-Anhalt ist größer und vielfältiger, als man oft denken würde und schließt Gegenden ein, die eher norddeutsch wirken, sowie Städte, deren Mundart man nach Sachsen verorten würde.
Bei Besuchen im Land fällt mir eine Graffitigrenze auf, die das Land teilt. Nördlich der Linie Dessau-Aschersleben-Köthen dominieren an Fassaden die Buchstaben FCM (FC Magdeburg), südlich davon jedoch HFC (Hallescher FC).

<u>Die zehn Städte, welche mich am meisten beeindruckten</u>

Magdeburg

Die Landeshauptstadt Magdeburg ist nicht jedermanns Sache. Sie wurde gleich zweimal total zerstört, im Dreißigjährigen Krieg und noch einmal im Zweiten Weltkrieg. Hier sind Hauptachsen von stalinistischer Wiederaufbauarchitektur geprägt, der Bahnhofsbereich wiederum von gesichtsloser Nachwendearchitektur. Bereits 1985 war ich im Rahmen einer DDR-Exkursion hier. Am Rathausplatz wurde gerade Leuchtreklame abmontiert, um ihn näher an seine historische Gestaltung heranzuführen. Ich musste daran denken, dass ich kurz zuvor gelesen hatte,

Magdeburg wäre die graueste der grauen DDR-Städte und sah mich durch dieses Abmontieren bestätigt (`unsere Stadt soll noch grauer werden´). Heute sieht es hier ein bisschen freundlicher aus, aber viel Altstadt ist hier nicht.

Auch der Domplatz ist wenig atmosphärisch. Ein Highlight ist jedoch der Dom selbst, das älteste gotische Bauwerk Deutschlands, sowie der historische Gebäudekomplex zwischen Dom und Elbe. Das Viertel um den Hasselbachplatz überrascht durch großstädtische Straßenzüge wie man sie so eher in Wien oder Prag erwarten würde. Neuere Akzente sind die 2005 erbaute pinkfarbene Grüne Zitadelle, der letzte Hundertwasserbau. Ich bin mir mit Freunden nicht ganz klar, ob Magdeburg zu den 100 Topstädten Deutschlands gerechnet werden kann oder nicht. Die Freunde sprechen sich eher dagegen aus, ich lasse sie wegen Dom und Elbe noch auf der Liste.

Halle (Saale)

Ein klarerer Fall einer Top-Stadt ist die zweitgrößte Stadt des Landes, Halle. Im Krieg nur wenig zerstört, zeigt sie heute ein beeindruckend geschlossenes historisches Stadtzentrum. Nördlich daran angrenzend, gehobene Wohnviertel, wie das Pauluskirchenviertel und schöne Grünzüge zwischen verschiedenen Saalearmen. Trotzdem stapelt die Stadt tief. *In Halle werden die Dummen nicht alle*, sagt der Volksmund. Als die Stadt um 2000 langsamer vorankam als Leipzig, führte dies zur mit Negativnachrichten gefüllten Satireseite *Hölle/Saale*. Der Schriftsteller Curt Goetz meinte scherzhaft, das schönste an Halle wäre der Hauptbahnhof, von dort könne man die Stadt nach allen Himmelsrichtungen verlassen. Der Lonely Planet Reiseführer meinte einmal, am Hauptbahnhof wäre die Stadt so romantisch wie ein Bergwerk. Sanierungsbedürftige Hochhäuser aus DDR-Zeiten verbreiteten dort lange wenig Atmosphäre. Doch wenn man Richtung Stadtzentrum geht, wird es dann immer besser. Im Dezember 2017 besteige ich mit Freunden die Hausmannstürme am Marktplatz und habe von dort oben einen wunderbaren Blick auf die Stadt. Wir schlussfolgern, dass Halle zu den schönsten deutschen Großstädten gehört. Danach sehen wir eine fetzige argentinische Oper im neoklassischen Opernhaus von Halle. ☞ Die in Halle geborenen werden Hallenser genannt, die Salzsieder wurden Halloren genannt und die Zugezogenen heißen hier (halb im Scherz) Hallunken.

Dessau (-Roßlau)

Trotz Bauhauserbe würde ich Dessau selbst eher nicht zu den sehenswerten Städten Deutschlands zählen. Zu stark waren die Kriegszerstörungen, zu sehr ist die Innenstadt von DDR-Plattenbauten geprägt und zu sehr liegt diese schrumpfende Stadt ökonomisch darnieder. Andererseits hat nicht nur das Umweltbundesamt neue architektonische Akzente gesetzt, 2019 kam auch ein innenstadtnahes neues Bauhausmuseum hinzu. Aktuell steht der Abriss einer unansehnlichen Plattenbau-Berufsschule am Schlossplatz an. Hier soll ein modernes Hotel entstehen. Eine Bürger-initiative setzte sich für einen Hotelbau mit historischen Fassaden ein. Der entsprechende Bürgerentscheid scheiterte jedoch im September 2018 knapp.
Im Juli 2007 kam es im Zuge einer Kreisreform in Sachsen-Anhalt zu einer Vereinigung der Städte Dessau und Roßlau zu Dessau-Roßlau. Zum Bauhausjahr 2019 gab es Überlegungen, den Namen wieder zu Dessau zu verein-fachen, was jedoch am Widerstand Roßlaus scheiterte.

Wernigerode ist wenigeröde

Sehr schöne und gut erhaltene altdeutsche Fachwerkstädte finden sich im und am Harz. Dazu gehört Wernigerode, *die bunte Stadt am Harz* mit ihrer Dampflok-Schmalspurbahn zum Brocken und nach Quedlinburg. Mit mehreren

Besuchern war ich bereits in Wernigerode und jeweils wurden angesichts der Überfülle an Fachwerkarchitektur spontan die Kameras gezückt. Das schiefergedeckte Fachwerk-Rathaus mit seinen zwei spitzen Türmchen, eingebettet in einen historischen Platz ohne moderne Bausünde, begeisterte dabei besonders. In den Hügeln zudem eine fotogene historistische Burg hoch über der Stadt.

Quedlinburg

Quedlinburg ist als besonders gut erhaltene mittelalterliche Fachwerkstadt sogar auf der UNESCO-Weltkulturerbeliste verzeichnet. Mein letzter Besuch im Herbst 2018 galt einer Spielstätte des Nordharzer Städtebundtheaters, welche architektonisch nicht besonders viel hermacht. Aber für mich war es doch erstaunlich, dass in einer so kleinen Stadt Opern aufgeführt werden und ein Fußmarsch durch die Stadt ist immer lohnenswert.

Stolberg (Harz)

An einem schönen Frühlingstag im Mai 2015 war ich das erste und bisher einzige Mal in Stolberg im Harz. Die kleine Stadt zeigte sich von ihrer allerbesten Seite. Eingebettet zwischen frisch ergrünten Höhenzügen, gelagert an einem Hügel, ganz oben das Schloss, in Halbhöhe eine Kirche, unten Straßen mit perfekt sanierten Fachwerkzeilen. So geschlossen und schön sah ich das bisher selten.

Naumburg

In die Liste der Top-100 Städte Deutschlands gehört auch Naumburg mit seinem Dom, einem kleinen nostalgisch anmutenden Straßenbahnsystem und der gut erhaltenen, architektonisch vielfältigen Altstadt. Im Naumburger Dom fällt die Figur der Uta von Ballenstedt auf. Als ich 2012 den

Dom besuche, kaufe ich einen entsprechenden Kühlschrank-magneten, um ihn einer Frau zu schenken. Im März 2012 fand in Naumburg das 4. Uta-Treffen statt. Frauen aus der ganzen Welt mit dem Vornamen Uta kommen dabei alle 2 Jahre in Naumburg zusammen. Das 8. Uta-Treffen im Jahr 2020 musste jedoch wegen Corona abgesagt werden.

Zeitz-Seeing

Bei einem Besuch mit einem befreundeten Journalisten im Jahr 2013 fiel mir auf, wie sehr die Stadt noch schrumpfte, mit leerstehenden Immobilien, vor allem in der bahnhofs-nahen Unterstadt, dem Brühl, als das nahe gelegene Leipzig schon boomte. Seit der Wende hatte Zeitz 40% der Bevölkerung verloren. Zu hoffen ist, dass Leipzigs Wachs-tum irgendwann auf Zeitz überschlägt. Die Stadt hat immerhin genug Sehenswürdigkeiten, darunter ein historisches Rathaus und ein Schloss, für ein Zeitz-Seeing.

Lutherstadt Wittenberg

Mit der Lutherstadt Wittenberg bin ich trotz vorhandener Sehenswürdigkeiten bisher nie so richtig warm geworden. Vielleicht lag es an der zu großen Distanz zwischen Bahnhof und Altstadt, vielleicht an der fehlenden Lebendigkeit. Manche Leute haben auch Probleme, das brandenburgische Wittenberge und Wittenberg auseinander halten zu können. Ich muss immer wieder selbst aufpassen, dass ich nicht Lutherstadt Wittenberge sage.

Lutherstadt (SCH)Eisleben

Als ich nach Eisleben fahre, wo Luther geboren wurde und starb, deshalb der Beiname Lutherstadt, plane ich ein Bild vom Stationsschild zu machen mit dem Zusatz SCH. Leider ergibt sich keine Gelegenheit dafür und ich füge die drei Buchstaben dem Ortsnamen nur beim Internet-Posting bei.

Tangermünde

Auf Quermania wurde Tangermünde mit den meisten Stimmen unter die sehenswerten Städte Sachsen-Anhalts gewählt. Tangermünde hat eine schöne Lage and er Elbe und ansehnliche Backsteinarchitektur, ist jedoch eine relativ kleine Stadt, der eine gewisse urbane Quirligkeit fehlt

<u>5 weitere Städte</u>

Das A und O: Aschersleben und Oschersleben

Kurz nach der Wende höre ich von einer Immobilien-entwicklerin, die gerade Sachsen-Anhalt besuchte, dass sie in Oschersleben und in Aschersleben gewesen wäre, beides sehenswerte, relativ gut erhaltene Städte. Ich besuche deshalb beide auf einer Tour. **Oschersleben** stellt sich dabei jedoch als relativ klein und nur mäßig mit Sehens-würdigkeiten ausgestattet heraus. **Aschersleben** jedoch ist eine attraktive Kleinstadt. Es wurde bereits im Jahr 753 gegründet und ist damit die älteste Stadt Sachsen-Anhalts.

Halberstadt

Halberstadt wurde im Krieg teilweise zerstört, teilweise tat die Vernachlässigung historischer Bausubstanz zu DDR-Zeiten ihr übriges. 1985 war ich hier schon und es war zu befürchten, dass Fachwerkreste bald der Abrissbirne zum Opfer fallen würden, nach dem Motto `Ruinen schaffen, ohne Waffen´, welches in DDR-Zeiten kursierte. Doch die Wende kam gerade noch rechtzeitig. Neben Plattenbauten gibt es im Zentrum immer noch bedeutende Kirchen und einige Fachwerkensembles sind erhalten geblieben. Sogar eine Opernspielstätte gibt es hier und zudem das John Cage-Musikprojekt in der St. Burchardi-Kirche, welches ich mir im Jahr 2017 mit Freunden anschaue. Was noch ein bisschen fehlt ist ein quirliges städtisches Leben, vor allem am riesigen, aber wenig belebten Domplatz.

Bitterfeld- nicht in dieser Welt

Und sehn' wir uns nicht in dieser Welt, so sehn' wir uns in Bitterfeld und das steht sogar an einem Wandmosaik im Zentrum der Stadt, und ein Einheimischer bestätigt mir, dass das, obwohl so frech, noch aus DDR-Zeiten stammt. Bitterfeld ist für viele der Inbegriff einer kaputten DDR-Industriestadt. Dazu trägt auch der im Volksmund so genannte Silbersee im Ortsteil Wolfen-Süd bei, eine Hinterlassenschaft der ORWO-Filmfabrik aus DDR-Zeiten. Zeitweise wurde im Stadtteil Thalheim auf die Photovoltaik-Industrie gesetzt, der Ort wurde zum *Solar Valley* und die Schriftstellerin Monika Maron (*1941) berichtete 2009 ganz optimistisch darüber (`Bitterfelder Bogen. Ein Bericht'). Doch als die Solarförderung zurück-gefahren wurde und die chinesische Konkurrenz immer stärker wurde, war es bald mit dem Aufschwung zu Ende. Die Leitfirma Q-Cells wurde erst von einem koreanischen Unternehmen aufgekauft, die Produktion später ganz nach Asien verlagert. Der Strukturwandel geht also weiter. Die Kernstadt Bitterfeld selbst ist jedoch attraktiver, als viele erwarten würden, was ich bei einem Besuch im Mai 2020 feststellen konnte. Aufgewertet wurde sie in den letzten Jahren auch durch die Flutung des ehemaligen Tagebaus Goitzsche und die Entstehung des Großen Goitzschesees.

Burg, die Stadt mit dem nichtssagenden Namen

`Im Herbste 1840 verließ ich Berlin und ging zunächst nach Burg, einer ansehnlichen Stadt, von der trotzdem »niemand*

nichts weiß. Oder doch nicht viel. Die Nähe Magdeburgs hat es von Anfang an in den Schatten gestellt'.
(Theodor Fontane von Zwanzig bis Dreißig).
Weil ich aus einem kleiner Weiler komme, der Burg heißt, und zudem das Fontane-Zitat gelesen habe, besuche ich die an der Bahnstrecke Magdeburg-Berlin gelegene Stadt Burg. Dieses Burg ist in der Tat ansehnlich, aber wie schon zu Fontanes Zeiten kennt es leider keiner in Deutschland.

Das Mäuseklo

Nach der Wende und der Öffnung der Grenzen mussten viele Westberliner Journalisten erst wieder das Umland Berlins entdecken. Eine Journalistin meinte, im Umland gäbe es ja Orte mit ganz drolligen Namen, so wie Mäuseklo. Damit meinte sie jedoch Meuselko, heute ein Ortsteil von Annaburg.

Besuchte Städte in Sachsen-Anhalt: 37 von 104

Top Städte (Deutschland Top 120)
Halle, Magdeburg, Naumburg, Wernigerode, Quedlinburg

UNESCO-Welterbestädte: **Quedlinburg**

Quermania-Städte:
Tangermünde, Naumburg, Quedlinburg, Stendal, Halle, Wernigerode, Magdeburg, Halberstadt, Lutherstadt Wittenberg, Salzwedel, Havelberg, Bernburg, Stolberg, Lutherstadt Eisleben, Sangerhausen, Zeitz, Merseburg, Osterwieck, Dessau, Bad Schmiedeberg.

Andere besuchte Orte
Aschersleben, Bad Lauchstädt, Blankenburg, Bitterfeld-Wolfen, Burg, Coswig, Freyburg, Gardelegen, Genthin, Köthen, Oberharz, Oschersleben, Querfurt, Schönebeck, Staßfurt, Weißenfels, Zerbst.

---

4. Thüringen

Thüringen ist wahrscheinlich das Bundesland mit der höchsten Dichte an sehenswerten Städten. Thüringen war historisch kein einheitliches Territorium, sondern ein Flickenteppich von kleinen Residenzen plus die Reichsstädte Mühlhausen und Nordhausen. Die meisten Städte kamen relativ glimpflich durch den Zweiten Weltkrieg (mit Ausnahme von Nordhausen). Das gilt auch für die Landeshauptstadt Erfurt. Städte wie Gotha, Weimar, Altenburg oder Greiz weisen deshalb ein im Verhältnis zu ihrer Größe relativ reichhaltiges architektonisches Erbe und Kulturangebot auf.

<u>Die zehn Städte, welche mich am meisten beeindruckten</u>

Erfurt- das thüringische Rom

Erfurt zählt zu den schönsten Städten Deutschlands. In einschlägigen internationalen Listen taucht Erfurt jedoch eher selten auf, die Stadt ist einfach noch zu unbekannt. Dabei liegt sie mitten in Deutschland und durch die neue ICE Schnellfahrstrecke Berlin-München ist sie seit Dezember 2017 noch besser erreichbar. Wegen der vielen Kirchen hat Erfurt den Beinamen *Thüringisches Rom*. Man kann die Stadt auch mit Florenz vergleichen, denn hier gibt es eine mit Wohnhäusern überbaute Brücke, die sogar älter ist als die Florentiner Ponte Vecchio. Die Stadt habe ich mehrmals mit Freunden besucht und immer war die Schlussfolgerung `Hier ist es aber schön´.

☞Als ich einmal Ende der 1990er Jahre im Zug Erfurt-Frankfurt sitze, steigt auch der damalige Ministerpräsident Bernhard Vogel ein. Vogel, 1976-88 Ministerpräsident von Rheinland-Pfalz, setzte damals einen Halt der ICE-Strecke Köln-Frankfurt im rheinland-pfälzischen Montabaur durch.

Von 1992-2003 war er Ministerpräsident von Thüringen und setzte durch, dass die Schnellfahrstrecke über Erfurt geführt wird, statt von Leipzig geradlinig nach Süden zu verlaufen.

Weimar

In den 1950er Jahren gab es die politische Aussage `Bonn ist nicht Weimar´. Bonn stand dabei für die neu gegründete Bundesrepublik, Weimar für die gescheiterte Weimarer Republik. Beide Städte hatten jedoch die gleiche Postleitzahl, 5300. Manche glaubten, damit wollte die DDR die Bundesrepublik ärgern. Durch das klassische Erbe, an das man nach vielen geschichtlichen Brüchen gerne anknüpft, vor allem die mit der Stadt verbundenen Nationaldichter Goethe und Schiller, ist Weimar eine der Städte, welche den Deutschen am stärksten am Herzen liegen. Die Stadt hat jedoch auch dunkle Flecken ihrer Geschichte. Das hier gegründete Bauhaus musste sich wegen rechtsradikaler Strömungen schon relativ früh aus der Stadt verabschieden. In der Nähe der Stadt lag zudem das KZ Buchenwald. Heute finden sich die namensähnlichen Städte Weimar und Wismar auf der UNESCO-Welterbeliste.

Altenburg die Skatstadt

Als Kind war ich ein großer Quartettspielfan. Als Erwachsener hatte ich aus Nostalgie weiter Quartettspiele gesammelt. Ab den 1990 Jahren gab es Quartettspiele zu allen möglichen Themen, die sich eher an Erwachsene, als an Kinder richteten. Zu meinen Jugenderinnerungen gehörten die Quartettspiele der Firma ASS, also Altenburg-Stralsunder. Altenburg ist eine Skatstadt und hier gibt es ein Spielkartenmuseum. Einmal besuche ich die Stadt wegen des Museums, ein anderes Mal, um die Spielkartenauswahl im Shop der Touristeninformation zu begutachten. In Altenburg gibt es jedoch weitere Highlights, so ein großes prächtiges Opernhaus und das schöne Lindenau-Kunstmuseum, was zu weiteren Besuchen führt. Im Lindenau-Museum war ich einmal am späten Vormittag immer noch der einzige Besucher und dachte, schade, dass dieses sehenswerte Kunstmuseum so wenig bekannt ist.

Gera und Otto Dix

Wie gut einem Gera gefällt, hängt auch davon ab, in welcher Richtung man den Bahnhof verlässt. Geht man nach Osten und dann Süden kommt man an DDR-Wohnbauten und mediokren Nachwende-Einkaufszentren vorbei und erreicht einen Marktplatz, der akzeptabel aber nicht besonders atmosphärisch ist. Verlässt man den Hauptbahnhof Richtung Westen, trifft man zuerst auf das im Jugendstil gehalten Stadttheater, dann auf einen kleinen Park mit Orangerie und Kunstsammlung. Schließlich überquert man die Weiße Elster und trifft auf das Otto-Dix-Haus, das Geburtshaus des berühmten expressionistischen Malers. Auf der anderen Straßenseite führt ein Weg zum Schloss Osterstein hoch. Nach all dem kommt man zum Schluss, dass Gera doch eine sehenswerte Stadt ist.

Rudolstadt ohne f

Rudolstadt war vor der Eröffnung der ICE-Neubaustrecke Erfurt-Bamberg IC-Halt der Strecke München-Berlin. Einmal bin ich hier aus dem IC gestiegen und war vom sehenswerten Schloss überrascht. Anfang 2019 führte mich das Ziel, alle deutschen Opernhäuser zu besuchen, wieder hierher. Leider war die historische Spielstätte seit den vom Saalehochwasser am Gebäude verursachten Schäden auf unbestimmte Zeit geschlossen. Hier war bereits Goethe Direktor und in Rudolstadt gibt es auch ein Schillerhaus, welches ich besuche. Weil Goethe und Schiller hier aufeinandertrafen wird Rudolstadt auch *Klein-Weimar* genannt. Als ich Bilder von Rudolstadt postete meinten manche Bekannte, fehlt hier nicht ein `f´?

Greiz hat Reiz

Greiz, auch `Perle des Vogtlandes´ genannt, war Residenzstadt des Fürstentums Reuß, welches bis 1918 selbstständiger Bundesstaat im Deutschen Reich war. Greiz hat eine gut erhaltene, im Krieg nicht zerstörte historische Altstadt mit einem unteren und einem oberen Schloss und eine reizvolle Topografie. Im Juni 2009 fand hier der Thüringentag unter dem Motto *Greiz hat Reiz* statt und in der Tat enthält der Stadtname das Wort Reiz In einer Reportage zur Wendezeit berichtete ein Einheimischer über seine historisch bedeutende Stadt, die auch eine Karikaturhauptstadt der DDR wäre. Ich höre von der Stadt zum ersten Mal und beschließe, da irgendwann mal hinzufahren, aber erst ein Vierteljahrhundert später sollte es so weit sein. Ich besuche die Stadt im Jahr 2014, finde sie von ihrer Anmutung attraktiv, aber schlecht mit der Bahn erreichbar und an einem späten Samstagnachmittag bereits etwas leblos, denn alle Geschäfte sind schon geschlossen.

Arnstadt

Ich fahre im Jahr 2015 nach Arnstadt, um das historische Stadtmodell zu besichtigen, welches in einem Gärtnerhaus ausgestellt ist. Als ich komme, ist es leider geschlossen. Immerhin gibt dies die Gelegenheit, die überraschend hübsche Stadt näher anzuschauen.

Meiningen die Theaterstadt

Meiningen ist eine traditionsreiche Theaterstadt. Hier wurde das Regietheater, welches die deutsche Theaterlandschaft immer noch prägt, quasi erfunden. Als ich ein Foto des Meininger Staatstheaters mit seiner repräsentativen Säulenfassade poste, meinen manche, das wäre ein Bild eines Opernhauses einer Millionenstadt. Zu Meiningen heißt es denn auch, *Meiningen hat kein Theater, Meiningen ist ein Theater.* Ein DB-Mitarbeiter meint daraufhin, das gleiche würde man bei der Bahn in Bezug auf das Dampflokwerk Meiningen sagen. Denn Meiningen ist eine Mittelstadt mit nur 25 000 Einwohnern.

Gotha und das Verzeichnis

Gotha ist international bekannt für das gleichnamige Adels-Verzeichnis. In manchen Sprachen ist der Stadtname deshalb Teil von Ausdrücken, wie zum Beispiel *faire partie du Gotha* im Französischen. Da die Stadt günstig an der Bahnlinie Leipzig-Frankfurt liegt (nur halten dort nicht so viele Züge) steige ich hier zweimal aus, um die Stadt zu besichtigen. Jedes Mal scheiterte es jedoch an Zeitknappheit und der großen Distanz zwischen Bahnhof und Innenstadt (die allerdings mithilfe einer Straßenbahn überwunden werden kann). Beim dritten Anlauf klappt es endlich und ich kann nicht nur die reizvolle Altstadt besichtigen, sondern auch das Schloss Friedenstein mit seiner sehenswerten Kunstsammlung.

Eisenach

Eisenach, ganz im Westen von Thüringen gelegen, kann mit mehreren Attraktionen aufwarten. Wenn man mit der Bahn ankommt, durchschreitet man gleich ein sehenswertes Empfangsgebäude, in welchem es, anders als in vielen andern ostdeutschen Mittelstädten, auch noch Geschäfte gibt. Dann gibt es ein repräsentatives Landestheater im historistischen Stil, in welchem kaum mehr Opern, dafür aber Ballett aufgeführt wird. In der Altstadt Häuser mit Fassaden, die Schiefer und Fachwerk kombinieren, ein interessantes Ensemble von Rathaus und Ratsapotheke und zudem das Geburtshaus des Komponisten Johann Sebastian Bach. Oberhalb der Stadt die Wartburg, seit 1999 UNESCO-Welterbestätte, und wo Luther die Bibel übersetzte.

<u>5 weitere Städte</u>

Jena und das Cleverle

Nach Jena verschlägt es mich schon kurz nach der Wende. Ich komme aus Baden-Württemberg und ʻmein´ Ministerpräsident Späth muss wegen der *Traumschiff-Affäre* im Januar 1991 abtreten und wird im Juni 1991 Geschäftsführer der Jenoptik GmbH in Jena. Dort hatte er bald schon Einfluss auf das Stadtbild, er ließ relativ zügig alte innerstädtische Produktionsstätten abreißen und durch Neubauten ersetzen. Durch entsprechende Presseberichte werde ich auf die Stadt aufmerksam. Jena habe ich seither öfters besucht, früher lag es verkehrsgünstig an der IC Linie Berlin-München. Richtig warm geworden bin ich aber mit dieser Technologiestadt bisher nicht. Der Aha-Effekt und das gewisse Etwas fehlten mir bisher. Kein richtiger Hauptbahnhof, keine verwinkelte Altstadt, keine dominierende Kirche. Deshalb habe ich sie bisher nicht in die Liste der 120 Top Städte Deutschlands aufgenommen.

Sushi in Suhl

Suhl war der kleinste Bezirk in der DDR, weit ab vom Schuss, hinter dem Thüringer Wald gelegen. Er wurde spaßeshalber auch *Autonome Bergrepublik* genannt. In der Bezirkshauptstadt Suhl gab es eine Besonderheit: ein japanisches Restaurant. Der Koch Rolf Anschütz hatte sich hier trotz aller Widrigkeiten und Versorgungsengpässe des DDR-Alltags einen Traum erfüllt. Das kam zunächst bei japanischen Mitarbeitern der Universität Jena, später bei immer mehr Einheimischen gut an. 2011 wurde ein

Spielfilm über die Geschichte des Restaurants gedreht, der 2012 unter dem Titel *Sushi in Suhl* in die Kinos kam. Suhl überstand den Krieg ohne größere Schäden. Zu DDR-Zeiten wurden jedoch große Teile des historischen Stadtkerns abgebrochen und sozialistisch umgestaltet. Als ich die Stadt besuche, erwarte ich eine unattraktive, nur von Plattenbauten geprägte Stadt. Doch immerhin finde ich historische Straßenzüge vor und ein riesiges Fachwerk-Malzhaus, in welchem sich ein Waffenmuseum befindet.

Bad Frankenhausen und das Elefantenklo

1985, noch zu DDR-Zeiten, war ich einmal, vom Kyffhäuser kommend, in Bad Frankenhausen. Damals gab es die heute größte Sehenswürdigkeit der Stadt noch gar nicht: das 1987 fertig gemalte Bauernkriegspanorama, im sogenannten *Elefantenklo* ausgestellt, welches erst ganz zum Schluss der DDR-Zeit eröffnet wurde. Der sehr schiefe Kirchturm Bad Frankenhausens fiel jedoch damals schon auf.

Mühlhausen

Ich war erst ein einziges Mal in Mühlhausen, im Jahr 2009 und es fiel mir auf, wie groß und gut erhalten der historische Stadtkern ist. Mühlhausen ist neben Nordhausen die einzige ehemalige Reichsstadt in Thüringen und im Mittelalter war es nach Erfurt die wichtigste Stadt im Thüringer Raum. Das zeigt sich auch an der gotischen Marienkirche, die zweitgrößte Kirche Thüringens. Hier predigte der Reformator Thomas Müntzer und Mühlhausen spielte auch eine wichtige Rolle im Bauernkrieg von 1525. Heute liegt Mühlhausen geographisch in der Mitte Deutschlands, doch da es nicht auf der zentralen Thüringer Entwicklungsachse Eisenach-Erfurt-Jena liegt, schrumpft es eher. Es ist wegen seinem Kulturerbe auf jeden Fall eine Stadt, welche noch mehr Touristen vertragen könnte.

Treffurt

Treffurt ist ein winziges Fachwerkstädtchen an der Werra, unweit der hessischen Grenze. Hier fährt nicht Mal ein Zug hin. Ich lass mich deshalb von Eschwege mit dem Taxi nach Treffurt bringen und kann dabei noch die kleine hessische Werrastadt Wanfried mitnehmen. Treffurt muss eine rührige Stadtverwaltung haben, die fleißig bei Quermania votiert, um diesem kleinen Ort dort einen hohen Rang der beliebtesten Städte Thüringens zu verschaffen.

In Thüringen besuchte Städte: 34 von 118

Top-Städte
Erfurt, Weimar, Altenburg, Eisenach, Gotha

UNESCO-Welterbestädte
Weimar, Eisenach (Wartburg)

Quermania-Städte

Treffurt, Mühlhausen, Rudolstadt, Heilbad Heiligenstadt, Weimar, Erfurt, Altenburg, Gotha, Arnstadt, Meiningen, Bad Langensalza, Greiz, Saalfeld, Jena, Schmalkalden, Eisenach, Weißensee, Ummerstadt, Bad Liebenstein, Gera

Andere besuchte Orte

Apolda, Bad Blankenburg, Bad Köstritz, Bad Frankenhausen, Bad Salzungen, Gößnitz, Kölleda, Neustadt (Orla), Nordhausen, Sömmerda, Suhl, Triptis, Wasungen, Zella-Mehlis.

5. Sachsen

Sachsen hat nur vier Millionen Einwohner, aber gleich zwei der bedeutendsten deutschen Städte: Leipzig und Dresden. Während Dresden tragischerweise trotz fehlender militärischer Bedeutung noch ganz am Ende des Krieges zerstört wurde, kam Leipzig glimpflicher davon. Abgesehen von Plauen wurden von den Mittelstädten nur wenige bombardiert. Anders als im Flickenteppich Thüringen gab es in Sachsen auch nicht diese Vielzahl an kleinen Residenzen. Weil Sachsen in der industriellen Revolution führend war, gibt es hier jedoch auch ein reichhaltiges industrielles Kulturerbe. Die erste sächsische Stadt, welche ich besichtige, war Leipzig, und das bereits zu DDR-Zeiten, im Jahr 1985.

Die zehn Städte, welche mich am meisten beeindruckten

Dresden

Dresden ist eine Stadt, die einen kaum kalt lässt. Kommt man hier am Hauptbahnhof an und geht durch die Prager Straße Richtung Altstadt, kommt man an riesigen DDR-Wohnbauten vorbei, die auch wieder ihren Reiz haben, neuen Einkaufszentren, einem Kulturpalast, bis man sich schließlich in der winzigen Altstadt findet. Dort sind alle historisch wichtigen Gebäude wiederaufgebaut worden. Am Neumarkt kamen in den letzten Jahren etliche Rekonstruktionen auf alten Grundrissen hinzu, was allerdings einen leicht künstlichen, Disneyland-Eindruck ergibt. Grandios sind jedoch Zwinger, Semperoper, Stadtschloss und die wiederaufgebaute Frauenkirche. Kommt man am Neustädter Bahnhof an und geht zur Elbe, bietet sich einem ein fast perfektes Dresden-Panorama. In der Äußeren Neustadt dann erstaunlich gut erhaltene

Straßenzüge mit Kreuzberg-Bohème-Flair, aber weniger Hype und weniger Touristen. In den Außenbezirken wie Striesen und Weißer Hirsch dann repräsentative historische Villengebäude in schöner Lage unweit der Elbe. Nach Dresden fahre ich immer wieder gerne. Vor ein paar Jahren sammelte ich Kunstmuseen und hatte hier gut zu tun mit den Museen im Schloss und im Zwinger. Später sammelte ich Opernhäuser und in Dresden und Umgebung (Radebeul) gibt es gleich drei davon. Was sich in den letzten Jahren etwas abgeschliffen hat, ist der sächsische Dialekt. Der Stadtname wurde zu Zeiten, als der Raum Dresden, wo man das Westfernsehen nicht empfangen konnte, *Tal der Ahnungslose*n genannt wurde, breit Drähsden ausge-sprochen. Zur Stadt fällt mir auch der Spruch ein, der so etwa lautete, *Dresd'n sorum oder dresd'n sorum, es leipzisch alles gleich*, den ich mal irgendwo gelesen hatte.

Leipzig

Leipzig war einst eine bedeutende Handels- und Messestadt und die siebtgrößte Metropole Deutschlands.

Oft wird der Goethes Spruch `Mein Leipzig lob ich mir! Es ist ein klein' Paris und bildet seine Leute'. zitiert. In den frühen Wendezeiten schrumpfte Leipzig stark und vor allem der Osten Leipzigs hatte keine gute Perspektive und manche fragten sich, ob dieser Stadtteil sterben würde. Eine Kommilitonin zog schon bald nach der Wende nach Leipzig und als ich sie dort besuchte, spürte man das Potential der Stadt, es war aber auch klar, dass der Weg lang sein würde. So Mitte der 90er Jahre ging es dann plötzlich los. Ganze Straßenzüge waren plötzlich eingerüstet und eine emsige Sanierungsaktivität setzte ein. Bereits um das Jahr 2000 hatte sich das Stadtbild deutlich verändert. Aus dem hässlichen Entlein begann ein schöner Schwan zu werden und ganze Straßen erstrahlten in gründerzeitlicher

Sandsteinpracht. Eine Art *Wunder von Leipzig*. Die kleinteilige und dicht bebaute Innenstadt wurde ebenfalls immer attraktiver, mit schön sanierten Passagen. Hier hatte der Westinvestor Jürgen Schneider, der später Pleite ging, viel Geld hineingesteckt. In den prächtigen Jahrhundert-wende-Kopfbahnhof wurde wiederum erfolgreich ein Einkaufszentrum eingebaut. Als Berlin zu boomen anfing und immer teurer wurde, konnte es nicht lange dauern, bis die Vorteile des weiterhin preiswerten Leipzigs bundesweit entdeckt wurden. Kurz nach 2010 setzte hier eine Trendwende ein und immer mehr Medien berichteten unter dem Schlagwort *Hyepzig* darüber. Nicht nur aus ostdeutschen Regionen wanderten hier immer mehr zu, auch aus Westdeutschland und schließlich sogar aus dem Ausland. Parallel boomte der Jobmarkt. Aus der schrumpfenden Stadt war die am schnellsten wachsende Großstadt Deutschlands geworden. Mittlerweile hat Leipzig die 600 000 Einwohner Marke überschritten und man glaubt an ein weiteres Wachstum, wenn auch die Rekordzahlen der letzten Jahre nicht mehr erreicht werden. Leipzig ist wichtige Musikstadt (Richard Wagner wurde hier geboren) mit einem berühmten Opernhaus, einer Musikalischen Komödie und dem ebenfalls berühmten Gewandhaus, einem Konzerthaus.

Chemnitz

Chemnitz hieß von 1953-1990 Karl-Marx-Stadt. Wegen dem örtlichen Tonfall sagte man auch spöttisch Stadt der drei O (*Gorl-Morggs-Stodt*). Noch heute ist der große Karl-Marx-Kopf, *Nischl* genannt, eine 40-Tonnen schwere Bronzeplastik, zweitgrößte Portraitbüste der Welt, die wichtigste Sehenswürdigkeit der Stadt.

Chemnitz, einst sächsisches Manchester oder Rußchemnitz genannt, ist eine Stadt mit Industrie- und Arbeitertradition. Früher hieß es: *in Chemnitz wird gearbeitet, in Leipzig gehandelt und in Dresden geben sie das Geld aus*. Im Krieg stärker zerstört als Leipzig, gilt es manchen auch als Stadt ohne Innenstadt. Zumal die Innenstadtreste zugig und unwirtlich wirken. Auch der Hauptbahnhof wirkt wesentlich ungemütlicher als der von Leipzig. Es gibt nur wenige Geschäfte und geht man auf den Vorplatz, ist man nicht sicher, in welche Richtung es zur Innenstadt geht. Der erste Eindruck ist alles nicht so positiv. Chemnitz´ Stärken liegen jedoch in Stadtteilen wie Kaßberg und Sonnenberg, wo man durch beeindruckende Straßen mit geschlossener Gründerzeitarchitektur wandeln kann.

Meißen

Die Porzellanstadt Meißen gehört zu den schönsten deutschen Mittelstädten. Vom Bahnhof kommend, spiegelt sich in der Elbe eine dramatische Stadtsilhouette mit Albrechtsburg und Dom auf einem steil über die Altstadt ragenden Hügel. Der Stadtkern ist durchsaniert und zeigt beeindruckend gut erhaltene historische Architektur.

Plauen

Wie in Chemnitz ist der erste Eindruck, wenn man vom (Oberen) Bahnhof kommt, nicht besonders gut. Zumal der Bahnhof auch noch eine nichtssagende Kiste aus DDR-Zeiten ist und man erstmal eine breite Straße überqueren muss, um zur Innenstadt zu kommen. Zunächst säumen nicht besonders attraktive ehemalige DDR-Wohnbauten die Straßen. Je näher man dem Zentrum kommt, desto ansehnlicher wird jedoch das Straßenbild. Allerdings fehlt es an einer beeindruckenden Kirche. Auch der Marktplatz ist nur wenig atmosphärisch. Immerhin gibt es in der Stadt ein Museum für den Zeichner O.E. Plauen, der seine letzten Lebensjahre hier verbrachte. Ein schönes neoklassisches Theatergebäude gibt es auch. Hier sehe ich im Dezember 2018 eine Oper. Die Spitzenstadt Plauen nimmt zudem für sich in Anspruch, die erste gewesen zu sein, in welcher 1989 die ostdeutsche Revolution startete. Plauen hatte auch das erste McDonalds-Restaurant im Osten. Heute meinen viele, wegen den höheren Förderquoten auf der östlichen Seite der Grenze entwickle sich Plauen besser als Hof.

Bautzen

Bautzen bietet mit seiner Topografie und der gut erhaltene mittelalterlichen Stadtsilhouette schöne Postkartenmotive. Zu DDR-Zeiten galt Bautzen jedoch als Schreckensort. Denn hier gab es eine riesige Haftanstalt, in welchem vor allem Regimegegner eingebunkert wurden, das wegen der Gebäudefarbe so genannt *Gelbe Elend*. Der in Rostock geborene Schriftsteller Walter Kempowski (1929-2007) saß hier von 1948 bis 1956 ein, bevor er nach Westen ausreisen konnte. Heute denkt man bei Bautzen. auch an die hier gegründete Band Silbermond, mit der Leadsängerin Stefanie Kloß, die bei Voice Kids als Coach mitwirkt.

Pirna

Der venezianische Maler Bernardo Bellotto, auch Canaletto genannt, hat nicht nur Dresden verewigt (Canaletto-Blick) sondern zwischen 1753-1755 auch elf Bilder von Pirna gemalt. Pirna ist im Krieg nicht zerstört worden und so kann man heute noch vom Marktplatz auf das Schloss schauen und die gleichen Gebäude sehen, wie zu Canalettos Zeiten. Leider schätzen das die Touristen zu wenig. Ich sammle Kühlschrankmagnete der schönsten deutschen Städte und am Bahnhof von Bautzen finde ich im Herbst 2015 keinen entsprechenden Magneten und die Läden in der Stadt sind am Samstagnachmittag schon zu.
☞Im sächsischen Dialekt wird aus Pirna Birne.

Görlitz

Görlitz, die östlichste Stadt Deutschlands, sieht sich schon Schlesien zugehörig. Die im Krieg nicht zerstörte Altstadt ist so gut erhalten und mittlerweile durchsaniert, dass hier viele historische Filme gedreht werden. Deshalb hat die Stadt den Spitznamen *Görliwood*. 21 Jahre lang, von 1995-2016 hatte ein anonymer Spender der Stadt jedes Jahr 1 Million DM (0.511 Millionen Euro) gespendet, um die Altstadtsanierung zu unterstützen. Von der Innenstadt kommt man über eine kleine Neißebrücke ins polnische Zgorzelec. Früher auch Teil der Altstadt, entstanden hier nach dem Krieg hauptsächlich Plattenbauten. Lange bestand der Gegensatz einer mittelalterlichen Altstadt links der Neiße und einer unansehnlichen sozialistischen Vorstadt rechts der Neiße. Mittlerweile sind jedoch auf polnischer Seite etliche Altstadtstrukturen wiederaufgebaut worden und man findet ein vermeintlich historisches Stadtbild auf beiden Seiten des Flusses. Bei meinem vorletzten Besuch überrascht mich ein Denkmal in Zgorzelec, das daran erinnert, dass hier kurz nach dem 2. Weltkrieg viele Griechen lebten. Griechenland befand sich im Bürgerkrieg und Polen nahm viele Flüchtlinge auf. Weil die Polen dem Frieden nicht trauten und zögerten in einen ehemaligen deutschen Ort so nahe an der Grenze zu ziehen, wurden hier die griechischen Flüchtlinge angesiedelt.

Zittau

Zittau liegt nicht nur in Deutschland, sondern auch in Sachsen ganz am Rande. Hier sind es nur wenige km sowohl zur polnischen als auch zur tschechischen Grenze. Wie Görlitz wurde Zittau im Krieg nicht zerstört und hat eine große, gut erhaltene Altstadt. Was hier jedoch fehlt, ist Leben. Nach 14:00 sind hier am Samstag praktisch alle Geschäfte geschlossen. Von A bis Z, von Aachen bis Zittau ist ein Ausdruck, der die West-Ostausdehnung des Landes beschreibt. Vom äußersten Westen Deutschlands bis zum äußersten Osten sind es etwa 750 km.

Freiberg

Durch den Bergbau war Freiburg einst eine reiche Stadt, was man angesichts der großen prächtigen Altstadt ihr immer noch ansieht. Noch heute gibt es dort eine Bergakademie. Im Schloss ist ein geologisches Museum zu besichtigen und als ich Opernspielstätten sammle, komme ich nochmal hierher, um im historischen Stadttheater einer Opernaufführung beizuwohnen.

<u>Zehn weitere Städte</u>

Zwickau

Zwickau, die Sachsen sagen angeblich Zwigge, wurde im Krieg nicht zerstört aber zu DDR-Zeiten wurde hier viel historische Bausubstanz abgerissen, um Zwickau in eine sozialistische Modellstadt zu verwandeln. Jedes Mal, wenn ich nach Zwickau fahre, bin ich von der Stadt weniger beeindruckt und nach dem letzten Besuch strich ich sie aus der Liste der hundert Top-Städte Deutschlands. Der Bahnhof ist einfach zu weit vom Stadtzentrum entfernt, der lange schrumpfenden Stadt fehlt eine quirlige Lebendigkeit und der sozialistische Modellstadtgedanke ist hier wenig originell verwirklicht worden. Die Berliner Schauspielerin Inge Meysel (1910-2004) begann ihre Karriere, nach eigenen Worten `in Zwickau, am Arsch der Welt´.
Meine Hoffnungen ruhen auf der Sanierung des Gewandhauses, welches im Herbst 2020 als Opernspiel-stätte wiedereröffnet wird, potenziell ein Schatzkästlein unter den deutschen Opernhäusern.

Wurzen und Ringelnatz

Nach Wurzen, was von Leipzig aus gut erreichbar ist, fahre ich 2014 aus zwei Gründen. Erstens wurde hier der Dichter Joachim Ringelnatz (Hans Bötticher, 1883-1934) geboren, das Geburtshaus gibt es noch. Zweitens gibt es den sächsischen Zungenbrecher, *For Worzzn worzzn schlächd, nach Worrzn worrzn widdorr bässorr.*

Weißwasser-Bela Woda

Weißwasser in der Lausitz bietet mit seinem Namen einen Mini-Sprachkurs, denn auf Sorbisch heiß die Stadt Bela Woda. Somit erfährt man, was *weiß* und was *Wasser* auf Sorbisch und gleichzeitig in vielen slawischen Sprachen heißt. Auch den Wodka, das Wässerchen, kann man aus diesem Namen ableiten. Von Weißwasser, wo es wenig zu sehen gibt, bin ich einmal mit einem Bekannten nach Bad Muskau geradelt. Dessen Schloss ist auf der UNESCO-Liste des Weltkulturerbes verzeichnet ist und als ich es im Jahr 2014 besuche wirkt es märchenhaft perfekt saniert.

Frankenstein (Oederan)

Auf dem Weg von Freiberg nach Chemnitz steige ich kurz aus dem Zug, um das Stationsschild zu fotografieren. Denn dieser Ortsteil der Stadt Oederan heißt Frankenstein.

Riesa und der schiefe Turm

In der für Touristen wenig attraktiven Stahlstadt Riesa gab es mal das Projekt einen *Schiefen Turm von Riesa* zu bauen. Lange vor dem Versuch, eine Verbindung zu Pisa zu schaffen, schuf man eine Sage, die eine Verbindung des namens mit einem Riesen herstellte.

Einst kam ein Riese nach langer Wanderschaft an das Ufer der Elbe. Bevor er den Fluss überquerte, machte er eine Rast. Im Stiefel drückten die angesammelten Sandkörnchen und Steine. So setzte er sich ans Ufer, zog die Stiefel aus und drehte sie um. Aus dem, was herausfiel, entstand ein großer Hügel, auf dem später die ersten Häuser der Stadt erbaut wurden. Als ich einmal in Riesa ankomme, um in einen Zug nach Dresden umzusteigen und längere Wartezeit habe, gehe ich eine Stiege gegenüber vom Bahnhof hoch, um auf den Bahnhof herunter zu schauen. Dort muss der Riese wohl seine Sandkörner ausgeschüttet haben.

Wolkenstein- das sächsische Rothenburg

Wolkenstein liegt an der Bahnstrecke von Chemnitz nach Annaberg-Buchholz. Vom Zug aus sieht man eine Burg auf einem steilen Felsen hoch über dem Bahnhof. Im Sommer 2015 steige ich hier aus, um dieses `sächsische Rothenburg´ zu erkunden. Es stellt sich als sehr kleiner Ort heraus, der aber durch sein Schloss sehr romantisch wirkt. Eine Begleiterin meint, das wäre die beste Kleinstadt in Sachsen, die sie gesehen hätte.

Reichenbach im Vogtland

Einen Besuch der berühmten Göltzschtalbrücke verbinde ich im Jahr 2014 mit einer Stippvisite der vogtländischen Städte Reichenbach, Mylau und Netschkau. Die letztgenannten Städte sind sehr klein. Reichenbach ist zumindest eine Mittelstadt, der man aber das Schrumpfen ansieht. Der Bahnhof wirkt viel zu groß, in der Innenstadt stehen Gewerbeflächen leer. Durch Abriss sind Grünflächen entstanden, aber Urbanität geht so auch verloren.

Zum Vogtland-Dialekt heißt es übrigens: *S´Vuchtlond is do wo de Hasn Hosn un de Hosn Husn haßen.*

Kamenz- die Lessingstadt

In Kamenz wurde Gotthold Ephraim Lessing geboren (1729-1781), deshalb nennt sich die Kamenz *Lessingstadt.*

Ein befreundeter Journalist, der für das Kulturressort zuständig ist, hatte deshalb immer wieder Pläne, mit mir dorthin zu fahren. In Kamenz sitzt auch das Statistische Landesamt Sachsens. Das weiß ich, weil ich einmal eine Kollegin hatte, die dort angestellt war. Der Name der Stadt zeigt auch ihren slawischen Ursprung, Kamenz heißt in slawischen Sprachen wie dem Sorbischen so viel wie kleiner Stein.

Pausa und die Erdachse

Die kleine Stadt Pausa liegt ganz am Westrande Sachsens. Trotzdem sieht sie sich als eine Art Mittelpunkt des Vogtlandes und sogar als Mittelpunkt der Welt. Auf dem Dach des Rathauses ist eine Weltkugel angebracht und im Rathaus ist ein Raum, in welchem man die Erdachse sehen kann. Nach Einwurf von 50 Cent darf man diese sogar mit Erdachsenöl schmieren. Das konnte ich mir als Geograph nicht entgehen lassen und so kombinierte ich einmal einen Besuch Plauens mit dem Schmieren der Erdachse in Pausa.

Annaberg-Buchholz und das Theater

Das, was mich an Annaberg-Buchholz, einer Kleinstadt im Erzgebirge mit weniger als 20 000 Einwohnern, am meisten überrascht, ist, dass es hier mit dem Winterstein-Theater sogar eine Opernspielstätte gibt. Sachsen ist mit zehn Opernhäusern auf vier Millionen Einwohner sehr gut mit Musiktheatern ausgestattet, aber so eine kleine Stadt hätte man nicht auf der Opernhauslandkarte erwartet.

Das Theater ist nach dem in Wien geborenen Schauspieler Eduard von Winterstein (1871-1971) benannt. Winterstein war zwei Jahre in Annaberg (1893-95). Über diese Zeit schrieb er: *Ich war in Annaberg wie neu geboren... In diesem kleinen Städtchen war ich erst wirklich zum Schauspieler geworden. So wurde die Annaberger Zeit eine der schönsten in meinem Beruf.*

Besuchte Städte in Sachsen: 42 von 169

Top-Städte: Dresden, Leipzig, Görlitz, Meißen, Freiberg, Chemnitz

Quermania-Städte: Dresden, Freiberg, Görlitz, Pirna, Bautzen, Leipzig, Meißen, Torgau, Zwickau, Bad Elster, Zittau, Annaberg-Buchholz

Andere besuchte Orte

Adorf, Bad Muskau, Bad Schandau, Borna, Coswig, Crimmitschau, Delitzsch, Eilenburg, Grimma, Heidenau, Herrnhut, Königstein, Löbau, Netzschkau, Markkleeberg, Mylau, Neustadt (Sachsen), Oberwiesenthal, Oederan, Oschatz, Pausa, Plauen, Radebeul, (Rathen), Reichenbach, Sebnitz, Taucha, Torgau, Weißwasser, Wolkenstein, Zwickau

6. __Schleswig-Holstein und Hamburg__

Im Mittelalter gab es zu den norddeutschen Hansestädten den Spruch *Lüneburg ein Salzhaus, Hamburg ein Brauhaus, Lübeck ein Kaufhaus, Braunschweig ein Zeughaus, Magdeburg ein Backhaus.*

Hamburg ist die Metropole des Nordens einschließlich von Schleswig-Holstein. Das beschaulichere Schleswig-Holstein, auch als Schläfrig-Holstein verballhornt, wird, was den Städtetourismus betrifft, wiederum von der alten Hansestadt Lübeck dominiert (vom Namen des Lübecker Buchdruckers Johan Balhorn der Jüngere,1550-1604, leitete sich übrigens der Begriff verballhornen ab). Die Landeshauptstadt Kiel ist von nüchterner Architektur geprägt und keine Touristenstadt, zieht aber durch die Kieler Woche jedes Jahr im Sommer Menschenmassen an. Flensburg ist eine schöne, im Krieg unzerstört gebliebene Stadt, die durch ihre periphere Lage benachteiligt ist, aber auch Vorteile daraus zieht. Skandinavien war lange liberaler, was Pornographie betrifft, also konnte sich hier Beate Uhse entwickeln. Deutschland ist wiederum liberaler, was den Alkoholverkauf betrifft, also kommen hier viele Dänen, um Alkohol billig einzukaufen.

Zu den Städten im Hohen Norden, welche ich am häufigsten besucht habe, gehören Hamburg (schon über 30x dort gewesen), Lübeck (über 20x), Kiel (mehr als 10x), Neumünster, Rendsburg und Flensburg (mindestens 4x). In den anderen Städten Schleswig-Holsteins war ich jeweils nur ein einziges Mal, hoffe aber, manche davon im Jahre 2020 nochmal besuchen zu können.

Richtig geflasht hat mich bereits bei meinem ersten Besuch Hamburg, für Lübeck brauchte es mehrere Anläufe, aber mit jedem Besuch fand ich die Stadt besser. Bei Flensburg mit seiner langen schönen Fußgängerzone und der Förde und bei Lauenburg hat es so ein bisschen Klick gemacht.

Die zehn Städte, welche mich am meisten beeindruckten

Lübeck

Lübeck gehört eindeutig zu den schönsten norddeutschen Städten. Die stolzen Backsteinkirchen zeigen die einstige Bedeutung der Stadt. Lübeck hat einst als *Königin der Hanse* weite Bereiche des Ostseeraumes beeinflusst. Im Krieg nur wenig zerstört, wurden Bausünden der Nachkriegszeit korrigiert und es wird laufend an einer weiteren Stadtverschönerung gearbeitet. Als eine der ersten deutschen Städte wurde Lübeck 1987 in die UNESCO-Liste des Weltkulturerbes aufgenommen.

Als ich im November 2018 in Lübeck das Opernhaus besuche, komme ich auf dem Rückweg zum Hotel in der Beckergrube am Sitz der Possehl Erzkonto GmbH vorbei, einem weltweit tätigen Unternehmen mit heute 13 000 Beschäftigten. Der kinderlose gebliebene Lübecker Unternehmer Emil Possehl (1850-1919) gründete eine Stiftung, die auch die Stadtsanierung und Verschönerung Lübecks fördert. Entsprechende Hinweise waren schon im Stadttheater aufgefallen und ich sehe sie wieder, als ich am Gründungsviertel vorbei gehe, wo nachdem zwei Schulen abgerissen wurden, eine kleinteiligere Wohnbebauung auf alten Grundrissen entsteht. Unweit des Theaters gleich drei Ausstellungshäuser bzw. Museen, die auf mit der Stadt verbundene Persönlichkeiten hinweisen: Das Buddenbrookhaus als Museum für den in Lübeck geborenen Thomas Mann, das Willy-Brandt-Haus (Brandt, 1913-1992 ist ebenfalls in Lübeck geboren) und das Günter-Grass-Haus (1927-2015). Grass ist in Danzig geboren, lebte aber viele Jahre in Lübeck. Für mich als Comicfan ist ein weiterer Lübecker wichtig: Rötger Feldmann alias Brösel, der Autor der von mir in meiner Jugend viel gelesenen Werner-Comics, in Lübeck-Travemünde geboren.

Hamburg

Als Süddeutscher fahre ich immer gerne nach Hamburg. Der Hafen, die norddeutsche Backsteinatmosphäre, die Einfahrt mit dem Zug vorbei am Spiegel-Verlagsgebäude, ein beeindruckender Hauptbahnhof. Hamburg gehört mit seinen Gewässern und seiner prächtigen Innenstadt ganz klar zu den schönsten deutschen Großstädten. Es gibt zwar auch viele raue Ecken in der Stadt, aber das maritime Element gleicht das aus. Als ich anfange, Opernhäuser zu sammeln, stelle ich fest, dass Hamburg auch eine Musikstadt ist, denn neben dem städtischen Opernhaus gibt es noch 3 private Spielstätten und dazu natürlich die spektakuläre Elbphilharmonie. Hamburg ist aber auch eine Einkaufsstadt, mit Läden, welche es woanders nicht gibt. Dazu gehört die chaotische Schatztruhe von Harrys Hafenbasar oder Buchläden wir Dr. Götze und Sautter und Lackmann.

Was Hamburg ein bisschen fehlt, ist ein verwinkeltes Altstadtherz mit kleinen Gassen. Andererseits gibt es viele prächtige Einkaufsstraßen, sogar mit Blick auf Kanäle, sehr selten in deutschen Großstädten. Im Frühsommer 2012 spaziere ich auf dem Weg von der Innenstadt zum Hauptbahnhof zur Außenalster und komme am Hotel Atlantic vorbei. Da sehe ich gerade, wie der dort wohnende Musiker Udo Lindenberg mit Assistenten und Bodyguard an der Ecke steht. Ein paar Leute gesellen sich dazu und ich lasse mir von Udo ein Männchen mit Autogramm in mein Notizbuch zeichnen.

☞Meine BOD-Bücher werden in Norderstedt verlegt. Deshalb und weil es die größte deutsche Stadt war, die ich noch nie gesehen hatte, fahre ich nach einem Besuch der Hamburger Oper im Sommer 2018 mit der U-Bahn hierher. Norderstedt ist eine akzeptable große Mittelstadt im sogenannten Speckgürtel Hamburgs, kann jedoch keine speziellen Sehenswürdigkeiten vorweisen.

Flensburg

Flensburg ist eine sehenswerte, an einer Förde gelegene Stadt mit sehr langer, attraktiver Fußgängerzone. Vielen Deutschen läuft bei der Erwähnung von Flensburg jedoch ein kalter Schauer über den Rücken. Denn Flensburg bedeutet für viele Kraftfahrtbundesamt und damit zusammenhängende Strafpunkte. Früher wurde Flensburg zudem mit Beate Uhse und ihrem Erotikversand assoziiert.
Heute wächst die Stadt und könnte in mittlerer Zukunft die 100 000 Einwohner Marke erreichen. Oberbürgermeisterin Simone Lange, die im April 2018 überraschend für den SPD-Bundesvorsitz kandidierte, meinte angesichts aktueller Baumaßnahmen *Flensdorf* würde endlich zu *Flensstadt.*
☞ *Von Flensburg bis Füssen* ist ein Ausdruck, der die Nord-Süd-Ausdehnung der (alten) Bundesrepublik beschreibt.

Husum

Doch hängt mein ganzes Herz an dir
Du graue Stadt am Meer

Der Husumer Schriftsteller Theodor Storm schrieb 1851 diese Zeilen in einem Gedicht über seine Stadt. Es war dieses einprägsame Gedicht, was mich bewegte, überhaupt in diese Stadt zu fahren. Ich fand dort im Frühjahr 1988 aber eine eher bunte und fröhliche kleine Stadt vor.

Kiel

Die Landeshauptstadt Kiel ist älter als es scheint, war jedoch im Mittelalter keine bedeutende Stadt und kam erst 1871 zu Deutschland. Als Marinestandort wurde Kiel im Krieg stark zerstört, dann in eher einfacher Weise wiederaufgebaut. Als ich hier im November 2018 das Opernhaus besuche, komme ich in einem Kopfbahnhof so richtig an und der beleuchtete Rathausturm erinnerte an den Campanile von Venedig. Der in Kiel lebende Schriftsteller

Feridan Zaimoglou hat einmal seine Erleichterung ausgedrückt, hier mit dem Zug einzufahren. Kiel ist zudem eine Stadt, die in den letzten Jahren laufend besser wurde. Man hat sich das dänische Arhus als Vorbild genommen, und will die Stadt durch neu angelegte Gewässer aufwerten.

Glücksburg

Viele glauben Flensburg wäre die nördlichste Stadt Deutschlands. Doch das stimmt nur fast, denn das nahe Glücksburg liegt noch ein bisschen nördlicher. Ich besuche, aus diesem Grund, von Dänemark kommend, im März 2016 Glücksburg und wegen des fotogenen Wasserschlosses, welches auch in einem Memoryspiel zu Deutschland abgebildet ist, mit welchem ich in jüngeren Jahren oft spielte.

Neumünster

Neumünster taucht manchmal scheinbar zu Unrecht auf Listen zu den gesichtslosesten und hässlichsten deutschen Städten auf. Ok, der Einstieg ist nicht so großartig, der Bahnhof macht wenig her. Man findet hier jedoch eine angenehme Innenstadt mit etlichen kultivierten Klinkerstraßenzügen. Was der Ortsfremde nicht sieht und zum Beinamen *Neufinster* beigetragen hat, ist die lokale Neonaziszene.

Rendsburg

Rendsburg hat mehrere verkehrstechnische Sehenswürdigkeiten aufzuweisen. Zum einen gibt es eine Eisenbahnbrücke über den Nord-Ostseekanal. Dann eine Fußgängerunterführung unter dem Kanal hindurch, die sehr lange Rolltreppen aufweist. Schließlich überquert noch eine Schwebefähre den Kanal, weltweit gibt es davon nur noch 8. Leider war diese bei meinem letzten Besuch durch eine Schiffskollision außer Betrieb. Ich möchte aber in den nächsten Jahren eine Fahrt damit nachholen. Von Rendsburg kann man zu Fuß nach Büdelsdorf laufen, wo jedes Jahr in den Hallen einer ehemaligen Gießerei die sehenswerte Kunstausstellung *Nordart* stattfindet.

Ratzeburg

Ratzeburg hat einen beeindruckenden Backstein-Dom und liegt auf einer Insel im Ratzeburger See, die ich im August 2012 mit einem Kanu fast umrunde. In Ratzeburg gibt es gleich zwei Künstlermuseen, die ich damals beide besuche. Eines für Ernst Barlach, der einen Teil seiner Kindheit hier verbrachte und eines für A. Paul Weber, dessen dystopische Zeichnungen ich aus Schultagen kannte, und der seine letzten Lebensjahre in Schleswig-Holstein verbrachte

Arnis an der Schlei

Mitten im blitzenden Strome
Weiß ich ein Städtchen fein,
Freilich, nicht hohe Dome
Prunken im Abendschein,
Schlösser, fürstliche Hallen
Sucht ihr umsonst dabei:
„Doch lieb ich dich vor allen,
Arnis, du Perle der Schlei"

Dr. Arthur Witt, Arnis

Dieses Gedicht findet sich auf der Homepage der Stadt Arnis. Arnis hatte im Jahr 2018 nur 284 Einwohner und ist damit die kleinste Stadt Deutschlands. Im November 2018 lasse ich mich von Kappeln aus mit dem Taxi hierherfahren, um diese Ministadt zu sehen. Eigentlich besteht sie im Wesentlichen aus nur einem Straßenzug mit Häusern links und rechts und wenn man an einem Samstagnachmittag im Spätherbst hier ankommt, gibt es eigentlich wenig, was man hier überhaupt machen kann.

Schleswig

In Schleswig war ich erst ein einziges Mal und das ist auch schon etliche Jahre her. Mit der ehemaligen Hauptstadt des Herzogtums Schleswig bin ich bisher nicht so richtig warm geworden. Vielleicht liegt es daran, dass das Stadtgebiet weitläufig und der Bahnhof recht weit vom Stadtzentrum gelegen ist. Zudem gilt Schleswig als schläfrig. Zumindest liegt die Stadt schön an der Schlei, einem Fjord. Vielleicht muss ich Schloss Gottorf und die Wikingersiedlung Haithabu besuchen, um Schleswig in besserem Licht zu sehen.

Lauenburg

Lauenburg, einst Sitz eines Herzogtums, liegt im äußersten Südosten Schleswig-Holsteins, an Elbe und Elbe-Lübeck-Kanal. Die schmale schöne Backsteinaltstadt unterhalb eines Hanges zieht sich die Elbe entlang hin. Schon 1988 beeindruckt mich die Stadt beim bisher einzigen Besuch.

Glückstadt

Glückstadt (Marineslang *Luckytown*) ist ein kleines properes Nordseestädtchen, so fotogen, dass hier schon manche Filmszene gedreht wurde. Als ich mit meinem Bruder im Jahre 1996 die Stadt besuche, hatten wir leider kein Glück mit dem Zug, denn wir landeten auf der falschen Seite des Bahnhofs und konnten die Gleise nicht überqueren. Eine Unterführung gab es wegen des feuchten Marschbodens leider nicht.

Bad Segeberg

Bad Segeberg ist ein kleines, beschauliches Städtchen am Rand der Holsteinischen Schweiz. Der Grund für mich, hierher zu fahren war, den Kalkberg zu sehen, an dessen

Fuß die Karl May-Festspiele stattfinden. Man kann auf dem Felsen herumkraxeln und hat interessant Ausblicke auf Stadt und Landschaft. Man nimmt sich vor, zur Festspielzeit wieder zu kommen, auch wenn die Zeiten, als Pierre Brice hier den Winnetou gab, lange vorbei sind.

Plön

Plön hat einen schön gelegenen Bahnhof, unterhalb des Schlosses mit einem Bahnsteig direkt am Plöner See. In dem kleinen Städtchen sind die Wege kurz und schnell ist man vom Bahnhof in der langgestreckten Fußgängerzone, von welcher schmale Kopfsteinpflastergassen abgehen. Man sagt auch *schön, schöner, Plön* und es gibt ein *Lied Plön ist schön* und als ich die Stadt 1991 mit einer Freundin besuchte, konnten wir dem durchaus zustimmen.

Besuchte Städte Schleswig-Holstein/Hamburg: 29

<u>Top-Städte</u>

Hamburg, Lübeck, Flensburg, Kiel

<u>UNESCO-Welterbestädte</u> 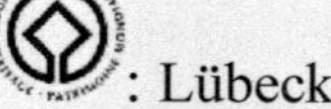 : Lübeck

<u>Quermania-Städte:</u> Lübeck, Glückstadt, Schleswig, Lauenburg/Elbe, Friedrichstadt, Husum, Flensburg, Kiel, Rendsburg, Mölln, Bad Segeberg

<u>Andere besuchte Orte</u>

Ahrensburg, Arnis an der Schlei, Bad Oldesloe, Büdelsdorf, Eckernförde, Eutin, Fehmarn-Burg, Glückstadt, Kappeln, Pinneberg, Plön, Preetz, Neumünster, Norderstedt, Oldenburg, Ratzeburg, (Süderbrarup), (Timmerndorfer Strand), Wedel (Westerland).

---

7. Niedersachsen und Bremen

Niedersachsen (inkl. Bremen) hat ganz unterschiedliche Landesteile. Im Süden des Landes gibt es viele mittelalterliche Fachwerkstädte. Der Norden und die Küste sind eher von norddeutscher Backsteinarchitektur geprägt. Die Hafenstädte sind hier oft nicht sehr alt und meist im Krieg stark zerstört worden und leiden heute zudem unter wirtschaftlichen und sozialen Problemen. Dazu gehören vor allem Wilhelmshaven und Bremerhaven. Tiefer im Binnenland sind die Städte oft älter und wirtschaftlich auch besser aufgestellt. Im Südosten des Landes wir die Topografie zudem interessanter und gerade die einst durch Silberbergbau reichen Harzrandstädte bieten pittoreske Stadtbilder. Im Zweiten Weltkrieg traf es die niedersächsischen und bremischen Städte überdurchschnittlich. Die Innenstädte von Hannover, Braunschweig, Osnabrück, Emden und Bremerhaven wurden stark zerstört. Die historischen Klein- und Mittelstädte im Südosten Landes kamen dagegen weitgehend unbeschadet durch den Krieg. Auch die kleine Großstadt Oldenburg, sowie die historisch bedeutenden Mittelstädte Lüneburg und Celle blieben von Bomben verschont. In Niedersachsen gibt es keine schnell wachsenden Metropolen. Das hochverschuldete Bremen ist zudem permanent im Krisenmodus. Es ist jedoch eine Vielzahl sehenswerter Städte vorhanden, deren Stadtbild langsam, aber sicher weiter verbessert wird. Da ich oft mit der Bahn von Westen aus nach Berlin unterwegs bin, komme ich oft durch Niedersachsen. Vor allem in Hannover habe ich schon oft Halt gemacht (mehr als 50mal), daneben habe ich Braunschweig und Wolfsburg öfters besucht (etwa 10x), von den Mittelstädten Lüneburg und Goslar (etwa 5x). Zu den Städten, welche mich zumindest einmal geflasht haben gehören Bremen, Stade, Lüneburg und Duderstadt.

<u>Die zehn Städte, welche mich am meisten beeindruckten</u>

Bremen

Die Hansestadt Bremen gehört zu den schönsten Städten Norddeutschlands. Tritt man aus dem schönen Empfangsgebäude des Hauptbahnhofs, war der Blick lange Zeit erst eher enttäuschen. Man sah gesichtslose Blöcke und eine Hochstraße. Mittlerweile stehen hier ein bisschen modernere Blöcke, allerdings mit den zeittypischen Schießschartenfenstern. Immer noch muss man erst den Stadtgraben erreichen, bevor es wirklich besser wird. Da sieht man dann plötzlich rechterhand eine Windmühle in einem idyllischen Grünzug mit Gewässer. Geht man weiter, überwältigt einen dann am Markt die Dichte der Sehenswürdigkeiten, der Dom, das Rathaus, der Roland, das Landgericht, die Bürgerschaft. Geht man dann noch durch die backsteinexpressionistische Böttcherstraße zur Weser und erblickt dort ein altes Segelschiff, ist man zum Bremen-Fan geworden. Wer immer noch nicht genug hat, kann noch durch das putzige Schnoorviertel mit seinen kleinen Häuschen laufen oder am Ostertor durch das vielleicht beste Stadtviertel Deutschlands flanieren. Bremen wirkt urban aber auch gleichzeitig kleinstädtisch. Der ehemalige Bürgermeister Henning Scherf sagte einst `Bremen ist vielleicht ein Dorf, aber das Dorf mit der schönsten Straßenbahn der Welt´. Bei einem Opernbesuch im Bremer Theater im Oktober 2018 sitzt der 2-Meter Mann Scherf vor mir. Keiner spricht ihn an, nach der Pause setzen er und seine Frau sich auf einen mittigeren Platz.

Hannover

Hannover wird oft unterschätzt. Es ist keine Touristenstadt, aber die Lebensqualität ist hoch. Trotzdem gab es lange den Spruch *Nichts ist doofer als Hannover*. Und Harald Schmidt meinte giftig *Hannover ist zwar nicht der Arsch der Welt, aber man kann ihn von dort aus schon verdammt gut sehen.* Dabei wird angeblich nirgends ein besseres Hochdeutsch gesprochen als in Hannover. Zeitweise galt Hannover auch als heimliche Hauptstadt Deutschlands, weil wichtige bundesdeutsche Politiker in der Stadt Karriere gemacht hatten, so etwa Schröder und Wulff.

Als Bahnfahrer macht auf mich allein schon der Hannoveraner Hauptbahnhof mächtig Eindruck. Es ist zwar kein atmosphärischer Kopfbahnhof und die Bahnsteige sind eher mittelmäßig. Doch er gehört zu den Bahnhöfen, mit den stärksten Passantenströmen. Zusätzlich gibt es noch eine Ebene tiefer eine Einkaufspassage, die Passerelle. Tritt man aus dem Portal, ist man auch schon fast in der Innenstadt. Originell ist ein am Boden markierter roter Faden, der an allen wichtigen Sehenswürdigkeiten vorbeiführt. Zweimal laufe ich ihn ab. Ein weiteres Highlight ist das Neue Rathaus (wo Stadtmodelle eindrucksvoll den Zustand der Stadt vor dem Krieg, in Trümmern und nach dem Wiederaufbau zeigen) mit dem Maschpark. Von dort sind es nur wenige Schritte zum Maschsee. Auf dem Weg dorthin kommt man noch am Sprengel-Museum vorbei, mit seinem brandneuen Erweiterungsbau, dem Brikett am Maschsee. Schon öfters habe ich dort den Merzbau des Hannoveraner Dadaisten Kurt Schwitters (1887-1948) besucht. Am Maschsee an einem strahlenden Sommertag wird mancher zum Hannover-Fan. Im Sommer 2018 geht es einem Freund so, der zum ersten Mal in der Stadt ist und den ich hierherbringe.

Braunschweig

Kommt man mit der Bahn an, ist der erste Eindruck von Braunschweig nicht so gut. Der 1950er Jahre-Bahnhof ist eher ungemütlich, ein nettes Café gibt es hier auch nicht. Vor dem Bahnhof ein leerer, fast öder Platz und eine breite

Schneise and deren westlichem Rand Wohnhochhäuser stehen. Die im Krieg stark zerstörte, aber in Form von Traditionsinseln wieder aufgebaute Altstadt ist weit weg. Begibt man sich per Straßenbahn dorthin, ist man erst von der wiederaufgebauten Stadtschlossfassade überrascht, hinter der sich ein Einkaufszentrum verbirgt. Noch beeindruckender ist der historische Burgplatz. Aber es gibt weitere Highlights, wie das Herzog-Anton-Ulrich Museum, *Louvre des Nordens* genannt und älteste Gemäldegalerie Deutschlands. Bei meinem letzten Besuch im Dezember 2018 nehme ich mit Freunden nicht die Straßenbahn vom Bahnhof, sondern gehen zu Fuß am Dom- und Magnifriedhof vorbei. Dort treffen wir nicht nur auf das Grab von Gotthold Ephraim Lessing, sondern finden noch andere Gräber von Schriftstellern wie Friedrich Gerstäcker und von Verlegern wie Johann Heinrich Campe, Friedrich Vieweg oder Georg Westermann (für mich als Geograph und Atlanten-Fan wichtig).

☞ Hannover und Braunschweig sind Rivalen und das gilt auch für die Fußballclubs. Um den Namen des anderen Fußballclubs nicht aussprechen zu müssen, werden die Codes *Peine-Ost* für Braunschweig und *Peine-West* für Hannover genutzt.

Lüneburg

Wenn man vom Lüneburger Bahnhof kommt und Richtung Innenstadt geht, kommt es an der Ilmenau zum ersten Aha-Effekt. Man sieht den Alten Kran, die Abtsmühle und eine Altstadt-Häuserzeile am Fluss. Oh, das sieht aber großartig aus, denkt man. Geht man weiter Richtung Rathaus kommt man durch architektonisch überraschend vielfältige Straßen zum Marktplatz mit dem schönen Rathaus. Man schlussfolgert, dass die alte Salzstadt Lüneburg wirklich zu den schönsten norddeutschen Städten zählt. Schaut man genauer hin, zum Beispiel auf die Kanaldeckel, fällt auf, dass Lüneburg eine besondere Stadtmarke hat, welche die Buchstaben M, P, F kombiniert. Das steht für *Mons, Pons, Fons,* also Berg, Brücke und Quelle- die drei Ur-Siedlungen aus denen Lüneburg gegründet wurde. Dann gibt es noch die Sage von den Jägern, die der Spur eines Wildschweins folgten. Diese Spur führte die Sümpfe der Ilmenau entlang. Doch plötzlich ging es seitwärts in eine trockenere hügeligere Gegend. Da sahen sie das Wildschwein schlafend liegen und überraschenderweise hatte es schneeweiße Borsten. Sie erlegten das Wildschwein und als sie sich die Borsten genauer anschauten, entdeckten sie die vielen Salzkörnchen. Als sie die Spuren zurückverfolgten entdeckten sie einen Tümpel, in welchem das Wildschwein gesuhlt hatte. Das Wasser war sehr salzig und so entdeckten sie eine Salzquelle, der Lüneburg seinen Wohlstand verdanken sollte. Das pittoreske Stadtbild hat es auch der Filmindustrie angetan. Die ARD-Seifenoper *Rote Rosen* spielt seit 2006 in Lüneburg. Entsprechende Außenaufnahmen haben zu einer Zunahme der Touristenzahl geführt. Auch wird die Universität ausgebaut und die Studentenzahl steigt. Ein spektakuläres Zentralgebäude, entworfen von Daniel Libeskind, wurde 2017 eröffnet. Heinrich Heine meinte einst *Würde die Langeweile einen Geburtsort haben, dann wäre es Lünebur*g. Doch das gilt heute sicher nicht mehr.

Göttingen

Göttingen liegt mitten in Deutschland, aber ich war hier erst ein halbes Dutzend Mal. Dabei handelt es sich um eine schöne, gut erhaltene historische Universitätsstadt., mit wenigen brutalistischen Unigebäuden als Einsprengsel. Allerdings steige ich hier öfter mal um, um Städte wie Duderstadt zu besuchen. Am Bahnhof fällt die große Zahl abgestellter Fahrräder auf, eine Studentenstadt eben. Und seit kurzem gibt es am Bahnhofsplatz ein neues Denkmal für die Göttinger Sieben, allerdings ohne Bronzestatuen der Göttinger Sieben, aber mit zusätzlich dem Namen der Künstlerin Christiane Möbus im Sockelbereich. Wie alle guten Kunstwerke erst umstritten, aber unbestreitbar eine originelle Idee. In einem kleinen Park am Bahnhofsplatz findet sich zusätzlich ein Bronzedenkmal für Charlotte Müller, die bis ins hohe Alter hier Obst und Süßigkeiten verkaufte. Zeitweise war sie die älteste Straßenverkäuferin der Welt. Zur Göttinger Innenstadt kann ich weniger sagen, da war ich leider schon lange nicht mehr.

Osnabrück

Die Innenstadt Osnabrücks wurde im Krieg stark zerstört. So ist denn auch der erste Eindruck, wenn man vom seltsamen Turmbahnhof mit seinen zwei Ebenen kommt, nicht so großartig. Der Sänger Heinz Rudolf Kunze nannte Osnabrück `die Stadt mit dem gewissen Nichts´. Kämpft man sich durch die eher nichtsagende Fußgängerzone zum Domplatz durch und geht von dort zum historischen Rathaus, findet man die Stadt plötzlich doch sehenswert. Dabei kommt man auch am Erich-Maria-Remarque-Friedenszentrum vorbei. Der Schriftsteller (größter Erfolg `Im Westen nichts Neues´, 1928) wurde 1898 in Osnabrück geboren. Was mich jedoch am meisten beeindruckt hat, ist das Felix-Nussbaum-Haus, ein beklemmendes Museum für den in der Nazizeit ermordeten expressionistischen jüdischen Maler. Bei meinen letzten Besuchen spazierte ich auf einem neu errichteten Fußgängersteg die Hase entlang zum Bahnhof. Dort sieht man Busse mit dem Ziel Wüste, ein Stadtteil westlich der Innenstadt.
☞In den 1990er Jahren kam übrigens das Lied `Ich fand das ganz große Glück mit dir im Zug nach Osnabrück´ von *Cliff und Rexonah* heraus. Im Jahr 2008 wurde es bei Living Voice-Osnabrück rauf und runter gesungen und damit sozusagen zum Osnabrück-Lied.

Oldenburg

Oldenburg war einst die Hauptstadt von Oldenburg, bis 1871 ein Großherzogtum und bis 1933 ein eigenständiges Territorium in Deutschland. Das Schloss und ein repräsentatives Staatstheater zeigen noch heute die einstige Rolle als Residenzstadt. Oldenburg hat zudem ein weitgehend geschlossenes historisches Stadtbild. Kriegszerstörungen gab es praktisch nicht. Die einstige Bedeutung zeigt sich auch an den vielen Kunstmuseen, einige davon im Schloss beheimatet. Ich besuche im Januar 2017 die Stadt, um alle Kunstmuseen abzuklappern. Seit 2000 gibt es in Oldenburg ein Museum für den in Hamburg geborenen Künstler Horst Janssen (1919-1995), der seine Jugend in Oldenburg verbrachte. Das Museum ist ok, aber die Bilder Janssens sind nicht so mein Fall. Dachte ich zumindest, bis ich an eine Zeichnung komme, deren spiralförmiges Muster mich völlig in Bann zieht.

Aufgrund der Lebensqualität sagt man über Oldenburg auch, wer hier mal angekommen ist, wolle nie wieder weg. Und wer hier mit dem Zug ankommt, findet eine schöne `Klinkerburg´ als Bahnhofsgebäude vor. Was Oldenburg allerdings ein bisschen fehlt, ist großstädtische Dynamik und ein großes Hinterland. Bremen ist doch zu nahe und seit in Niedersachsen die Regierungsbezirke abgeschafft wurden ist man nicht mal mehr Hauptstadt eines solchen. Dafür ist Oldenburg jedoch Grünkohlhauptstadt (bzw. Kohltourhauptstadt) und mittlerweile hat man, was die Einwohnerzahl betrifft, Osnabrück überholt.

Duderstadt

Der perfekte Erhaltungszustand der mittelalterlichen Fachwerkstadt Duderstadt hat mich gleich bei meinem ersten Besuch im Frühling 2002 geflasht. Besonders das vielgiebelige Rathaus mit seinen roten Fachwerkbalken fiel auf.

Im Herbst 2019 war ich zum zweiten Mal dort. Leider war das Ottobock-Kunstmuseum zu. Der Besuch dieses Städte-Kleinodes hat sich dennoch gelohnt.

Goslar

Goslar ist eine der wenigen UNESCO-Welterbestädte Deutschlands. Dazu gehört auch das interessante bergmännische Erbe der einstigen Silberbergbaustadt.
Goslar hat viele Fachwerkhäuser, teilweise mit Schieferdächern, einen sehenswerten Marktplatz und die beeindruckende romanische Kaiserpfalz. Ein Grund, Goslar zu besuchen, ist auch der jährlich an einen Künstler verliehene Kaiserring und die entsprechende Ausstellung im Mönchehaus-Museum. Im Januar 2017 schaute ich mir dort die Ausstellung zu Isa Genzken an.
Obwohl in der Mitte Deutschlands gelegen, ist Goslar leider eine wirtschaftlich eher stagnierende und demographisch schrumpfende Stadt. Zeitweise hat man hier die Strategie verfolgt, mehr Flüchtlinge als andere Städte aufzunehmen. Auch wird die Stadt durch Eingemeindungen vergrößert. Als ich den alten Bahnhof der Stadt Vienenburg besichtige, stelle ich fest, dass diese nunmehr zu Goslar gehört.

Stade

Gerade frage ich mich, ob Wolfenbüttel oder Hildesheim in die Top-10 der Städte, die mich in diesen beiden Bundesländern am meisten beeindruckt haben, aufgenommen werden sollen, da fällt mir ein, ich habe Stade vergessen. Viermal war ich bereits in der Hansestadt und enttäuscht hat mich die historische Atmosphäre der Stadt mit den Cafés und Booten am alten Hansehafen nie. Ein Museum gibt's hier auch und einen guten Buchladen. Eine Bekannte, mit der ich die Stadt im Jahr 2012 besuchte, meinte, `schau mal diese schönen Häuser hier´.

Celle

Fast so großartig wie Lüneburg ist Celle. Statt Backstein gibt's hier Fachwerk und zudem etwas, was Lüneburg nicht hat: ein Schloss mitten in der Stadt. Auch gibt es ein gutes Kunstmuseum, das nachts durch Lichtkunst ebenfalls zur Attraktion wird. Es sieht sich dadurch als erstes 24-Stunden-Kunstmuseum der Welt. Leider war ich bisher nie spät genug in Celle, um das zu bewundern. Allerdings begrüßt einen bereits der Bahnhof mit Lichtkunst. In Celle finden auch immer wieder Arno Schmidt-Ausstellungen statt. Der in Hamburg geborene Schriftsteller Arno Schmidt (1914-1979) lebte von 1958 bis zu seinem Tod in dem kleinen Heidedorf Bargfeld bei Celle. Celle ist auf jeden Fall einen Besuch wert und kein Loch. Die Stadt ist jedoch mit dem Begriff *Celler Loch* verbunden. Das war ein vorgetäuschter Anschlag des niedersächsischen Verfassungsschutzes, es sollte wie eine RAF-Aktion aussehen, bei dem im Jahr 1978 ein Loch in die JVA Celle gesprengt wurde.

Wolfenbüttel

Als ich zum ersten Mal in die Lessingstadt Wolfenbüttel komme, wundere ich mich, wie gut erhalten diese Fachwerkstadt ist. Straßenzug um Straßenzug in historischer Geschlossenheit. Ein Klein-Venedig gibt es auch, zudem die bedeutende Herzog-August Bibliothek, ein Schloss und das Lessing-Haus. Beim zweiten Besuch 2019 vermisse ich allerdings die Lebendigkeit einer größeren Metropole.

Bremerhaven

An einem Spätsommerabend komme ich mit einer Freundin am Bremerhavener Hauptbahnhof an und gehe in Richtung Stadtzentrum. Langsam wächst bei ihr die Ungeduld, denn die Straßenzüge, durch die man geht, erweisen sich als ausgesprochen atmosphärearm und öde. Plötzlich scheinen am Ende der Straße jedoch die Lichter des Museumshafens auf und die Stadt beeindruckt doch noch. Man sieht große Museumsschiffe, das interessant beleuchtete Klimahaus und das an Dubai erinnernde Atlantic Sail City Hotel. Am nächsten Vormittag erweist sich eine Hafenrundfahrt als interessant. Vom Neuen Hafen mit seiner modernen Wohnbebauung gibt es ein paar interessante Blickperspektiven. Bei einem Besuch einer Opernaufführung im Theater muss ich jedoch feststellen, dass der zentrale Theodor-Heuss-Platz, sozusagen die gute Stube der Stadt, sehr wenig hermacht. Hier gibt es kaum historische Bebauung, der Platz wirkt seelenlos. Seither bin ich mir nicht mehr sicher, ob Bremerhaven in eine Top100-Liste gehört.

Hildesheim

Hildesheim galt einst mit reich geschmückten Hausfassaden als schönste Fachwerkstadt Europas. Zu Ende des Zweiten Weltkrieges wurden bei einem Bombenangriff jedoch 90% der Altstadt zerstört. Weite Teile der Innenstadt sind seither von 1950er Jahre-Wiederaufbauarchitektur geprägt. Der einst historische Marktplatz machte lange einen unwirtlichen Eindruck. Doch in den 1980 Jahren wurde beschlossen, das Knochenhaueramtshaus, einst eines der größten Fachwerkgebäude Deutschlands, mit traditionellen Mitteln wiederaufzubauen. 1989 stand das Knochenhaueramtshaus wieder und ich fuhr erstmals nach Hildesheim, um mir den neu gestalteten Marktplatz anzuschauen. Dort stellte sich heraus, dass die meisten anderen historischen Gebäude ebenfalls Rekonstruktionen sind, einschließlich der detaillierten Holzfassade des Wedekindhauses. Rathaus und Tempelhaus waren im Krieg nur teilzerstört worden, erforderten aber ebenfalls Wiederaufbaumaßnahmen. Bei späteren Besuchen hatte ich Gelegenheit, die beeindruckenden romanischen Kirchen Hildesheims, die zum UNESCO-Kulturerbe gehören, von innen zu sehen, sowie das bis 2010 wieder aufgebaute Fachwerkhaus *umgestülpter Zuckerhut*. Bei einem Besuch des Opernhauses von Hildesheim im Herbst 2018 konnte ich zudem in der Hildesheimer Neustadt erhalten gebliebene Fachwerkstraßen begehen. Wären die Sehenswürdigkeiten konzentrierter, das Stadtbild geschlossener, könnte Hildesheim eine veritable Touristenstadt sein.

Hann. Münden

Angeblich soll Alexander von Humboldt Hannoversch Münden einst zu den sieben am schönsten gelegenen Städte gezählt haben. Von Passau wird das auch behauptet. Gelegentlich liest man das auch über Salzburg, Neapel und Rio. Mich interessierte, was nun die anderen am schönsten gelegenen Städte nach Humboldts Ansicht wohl waren und rufe bei der Humboldt Gesellschaft an, um das zu erfahren. Doch die können keinen Beleg für diesen Spruch finden. Wahrscheinlich wurde diese Aussage ihm nur in den Mund gelegt. Von wem, lässt sich nicht mehr genau verfolgen.
Hann. Münden liegt zweifellos schön zwischen den Hügeln des Kaufunger- und Reinhardswalds, dort, wo Werra und Fulda zusammenfließen. Bei meinem letzten Besuch im Jahr 2018 gehe ich zum Weserstein auf welchem geschrieben steht
Wo Werra sich und Fulda küssen
Sie ihre Namen büssen müssen
Und hier entsteht durch diesen Kuss
Deutsch bis zur Mündung der Weserfluss
(Hann. Münden 31. Juli 1899)
Hannoversch Münden ist ansonsten eine perfekt erhaltene Fachwerkstadt mit Weserrenaissance-Rathaus, einem Schloss und Gassen voller schiefwinkliger Häuser. Trotz der Nähe zu Kassel und der Lage Mitten in Deutschland ist

es allerdings auch eine eher stagnierende Stadt mit schrumpfender Bevölkerung.

Hameln

Die Rattenfängerstadt Hameln mit ihrer Weserrenaissance-Architektur und ihrer Lage an mehreren Flüssen darf in einer Aufzählung der attraktivsten Städte Niedersachsens natürlich nicht fehlen. Es ist eine lebendige Mittelstadt mit belebter Fußgängerzone und Ausflugsschiffen auf der Weser. Der angenehm modernisierte Bahnhof liegt allerdings einen Tick zu weit von der Innenstadt. Vielleicht liegt es daran, dass ich hier erst zweimal war.

Wolfsburg

Im ICE auf dem Weg nach Berlin beeindruckt, wenn man aus dem Fenster schaut, das VW-Werk mit den vier Schornsteinen auf der anderen Seite des am Hauptbahnhof vorbeiführenden Mittellandkanals. Über die Stadt selbst sind die Meinungen gespalten. Die einen finden sie furchtbar öde in ihrer 1950er Jahre Architektur. Andere finden zumindest die wenigen Highlights interessant, so das Zaha Hadid Phaeno-Museum am Bahnhof oder das Schloss in Alt-Wolfsburg. In der Vergangenheit machte allerdings die Bahn die Stadt und sich selbst zum Gespött, indem einfach immer wieder vergessen wurde, dort zu halten.

Wilhelmshaven

Der Volksmund sagt: *In Aurich ist es schaurich, in Leer noch viel mehr, doch will Gott einen wirklich bestrafen, dann schickt er ihn nach Wilhelmshaven.*
Wilhelmshaven war die erste westdeutsche shrinking city-Einst über der Großstadtschwelle von 100 000 hat Wilhelmshaven heute nur noch 76 000 Einwohner. Nirgends sind die Immobilien so billig, kaum anderswo ist

der Anteil von Sozialhilfeempfängern so hoch. Wilhelmshaven hat auch keine richtige Altstadt. Im Krieg wurde die
Innenstadt stark zerstört, aber Bauwerke die älter als 100
Jahre waren, gab es dort sowieso nicht. Um einen
Marinestützpunkt einzurichten, kaufte Preußen 1853
Oldenburg ein über 300 Hektar großes Gebiet am Jade-
busen ab. Eine Siedlung wurde angelegt und seit 1869 heißt
der Ort Wilhelmshaven (nach norddeutscher Schreibweise
mit v geschrieben). Die Bewohner sagen auch *Schlicktown*
zur Stadt. Als ich im Jahre 2012 hier übernachte, finde ich
die Stadt angenehmer, als erwartet. Es ist die einzig größere
Stadt an der Nordsee mit einem Südstrand. Es gibt einzelne
architektonische Sehenswürdigkeiten wie ein backstein-
expressionistisches Rathaus des Hamburger Architekten
Fritz Höger (1877-1949). Es wird auch *Burg am Meer*
genannt. Das einzige Problem an Wilhelmshaven: man
kommt so schlecht hin. Das galt besonders Anfang des
letzten Jahrzehnts als die Schienenstrecken zum neuen
Jade-Weser-Port ausgebaut wurden und keine Züge fuhren.

Leer

Schon in den früher 1980er Jahren kam ich auf einer
Interrailtour auf dem Weg in die Niederlande durch Leer.
Damals war ich schockiert über den schlechten Zustand der
Bahnhofstoiletten. Später erfuhr ich, dass wegen der
Drogenszene zeitweise Kaffeelöffel im Bahnhofsbistro ein
Loch hatten, damit Junkies sie nicht zum Heroinaufkochen
benutzen können. Abgesehen davon ist Leer jedoch eine
sehenswerte Stadt. Mit seiner lebendigen Backsteininnen-
stadt, dem imposanten Renaissance-Rathaus und dem
Stadthafen ist es die vielleicht schönste Stadt Ostfrieslands.
☞ Als zweitschönste ostfriesische Stadt empfand ich bisher
Norden mit seiner langen Fußgängerstraße, einem
Teemuseum und etlichen sehenswerten Ecken.

Emden

Emden ist als Hafenstadt im Krieg stark zerstört worden und in einfacher, nicht unbedingt hässlicher Backsteinarchitektur wiederaufgebaut worden. Eine Ausnahme ist der brutalistische Klotz des Bahnhofs. Max Goldt meinte einmal, *der Hauptbahnhof von Emden braucht sich vor den Hauptbahnhöfen andere Städte nicht zu verstecken. Schön, wenn er es trotzdem täte.* Seine einstige Bedeutung als eine Art Hauptstadt des Protestantismus sieht man der Stadt nicht mehr an. In den Nachkriegsjahrzehnten war Emden lange eine graue Maus ohne Sehenswürdigkeiten. Im Herbst 1986 wurde jedoch die Kunsthalle Emden mit ihrem Schwerpunkt auf Neuer Sachlichkeit und Expressionismus eröffnet, gestiftet durch den langjährigen Stern-Chefredakteur Henri Nannen (1913-1996). Ein Jahr später kam eine weitere Sehenswürdigkeit hinzu. Otto Waalkes, 1948 im Emdener Arbeiter-Stadtteil Transvaal geboren, eröffnete das Otto Hus, halb Otto-Museum, halb Otto Shop. 1995 wurde schließlich die Johannes a Lasco-Bibliothek in den umgebauten Ruinen einer 1943 zerstörten Kirche eröffnet. Im Mai desselben Jahres wurde zudem in einem Hochbunker in der Emdener Innenstadt ein Bunkermuseum eröffnet. Innerhalb von 10 Jahren waren also in Emden etliche Sehenswürdigkeiten hinzugekommen. Seither ist es, was neue Attraktionen betrifft, zwar etwas ruhiger geworden, aber die Kunsthalle ist mehrfach erweitert worden. Bei meinem letzten Besuch im März 2020 stelle ich zudem fest, dass in der Innenstadt, der es an attraktiven Einkaufsmöglichkeiten fehlt, mit dem Bau der Neutor-Arkaden begonnen wurde. Diese sollen im zweiten Quartal 2021 eröffnet werden.

☞ Bei meinem letzten Besuch in Emden im März 2020 ließ ich mich mit dem Taxi ins Dorf Suurhusen fahren, wo der schiefste Kirchturm der Welt steht.

Besuchte Städte Niedersachsen, Bremen: 84 von 161

Top-Städte

Bremen, Hannover, Braunschweig, Oldenburg, Lüneburg, Celle, Wolfenbüttel, Goslar, Göttingen, Duderstadt

UNESCO-Welterbestädte 

Goslar, Bremen (Marktplatz)

Quermania-Städte

Hann. Münden, Lüneburg, Goslar, Duderstadt, Osnabrück, Celle, Braunschweig, Bremen, Hannover, Oldenburg, Stade, Göttingen, Hameln, Hildesheim, Bad Pyrmont, Wolfenbüttel, Einbeck, Rinteln, Leer Dannenberg, Helmstedt, Gifhorn, Stadthagen, Hornburg, Quakenbrück, Lingen (Ems), Bad Gandersheim, Northeim, Verden (Aller), Königslutter, Bückeburg, Bad Harzburg

Andere besuchte Orte

Achim, Alfeld, Bad Bentheim, Bad Iburg, Bad Lauterburg, Bad Münder, Bad Zwischenahn, Borkum, Braunlage, Bremerhaven, Bremervörde, Burgwedel, Buxtehude, Clausthal-Zellerfeld, Cuxhaven, Delmenhorst, Emden, Diepholz, Garbsen, Georgsmarienhütte, Hardegsen, Hemmoor, Holzminden, Hitzacker, Lehrte, (Lemförde), Lüchow, Melle, Meppen, Munster, Nienburg, Nordenham, Northeim, Norden, Osterholz-Scharmbeck, Osterode, Papenburg, Peine, Rehburg-Loccum, (Rosengarten), Salzbergen, Salzgitter, Schöningen, Schneverdingen, Seelze, Soltau, Springe, Uelzen, Uslar, Walsrode, Wildeshausen, Wilhelmshaven, Wolfsburg, (Worpswede), Wunstorf

8. Nordrhein-Westfalen

Nordrhein-Westfalen hat in Bezug auf die Bevölkerungszahl eine eher unterdurchschnittliche Dichte an sehenswerten Städten. Hier gab es keine freien Reichstädte und weniger Territorien mit eigenen Residenzhauptstädten als anderswo. Auch sind die größeren Städte im Krieg stark zerstört worden und mit Ausnahme von Münster nicht unbedingt in historischer Form wiederaufgebaut worden. Andererseits hat es in vielen Orten starke industrielle Überformungen gegeben und auch Zerschneidungseffekte durch Verkehrsinfrastruktur und durch die hohe Bevölkerungsdichte haben nicht alle Orte eine zentrale Funktion oder ein großes Hinterland. Innerhalb des Landes ist Ostwestfalen-Lippe am besten mit sehenswerten Kleinstädten ausgestattet, während die Metropole dieses Regierungsbezirkes, Bielefeld, eher wenig hermacht. Hier gab es mit Lippe einst sogar einen eigenen Staat.
Der Regierungsbezirk Arnsberg hat nur relativ wenige sehenswerte Städte. Das Sauerland ist eher dünn besiedelt und, obwohl zentral gelegen, abgesehen vom nördlichen Rand mit seiner Städtekette, fast ein weißer Fleck in Deutschland. Das Münsterland hat Münster als Attraktion, sonst aber nur wenige und kleinere sehenswerte Städte.

Im Regierungsbezirk Düsseldorf sind auch viele der kleineren Städte im Krieg stark zerstört worden. Hier gibt es nur sehr wenige erhalten gebliebene historische Städte. Als boomende Metropole ist Düsseldorf selbst jedoch eine sehenswerte Stadt. Im Regierungsbezirk Köln sieht es ähnlich aus. Die großen Städte, außer Bonn, wurden im Krieg stark zerstört. Kleinere Städte mit reicher historischer Bausubstanz gibt es dagegen nur wenige.
In NRW war ich am häufigsten in Köln (1000x) und mehr als 25x in Aachen, Bonn, Düsseldorf und Wuppertal und mehr als 10x in Bielefeld, Dortmund und Münster.

Die 5 Städte, welche mich am meisten beeindruckten

Bielefeld

Bielefeld sollte eigentlich nicht in dieser Aufzählung erscheinen. Bei meinem vorletzten Besuch kam mir die Stadt so atmosphärearm, die Altstadt so wenig historisch vor, dass ich beschloss, die Stadt aus der Liste der Top-Städte zu streichen. Doch als ich das neue Museum für den westfälischen Expressionisten Herrmann Stenner besuchte, kam mir das, was um den Kunsthallenplatz alles zu sehen ist, doch sehenswert vor. Zum einen der Kunsthallenpark und dann die 1960er Philip-Johnson-Kunsthalle selbst, *Elefantenklo* genannt. Dann gibt es noch ein altes Gymnasium am Platz, welches architektonisch beachtenswert ist, man sieht in die Einkaufsmeile Obernstraße hinein und erblickt zudem über der Stadt die Sparrenburg. Geht man Richtung Altstadt, kommt man noch am historischen Gebäude des Kunstvereins vorbei. Das alles zusammen ist schon einigermaßen sehenswert. Unterhaltsam an der *Puddingstadt* (wegen der hier ansässigen Firma Dr. Oetker so genannt) ist die 1994 durch den Informatiker Achim Held im Internet lancierte *Bielefeld-Verschwörung*, nach der es Bielefeld gar nicht gibt. Mittlerweile hat die Stadt das für ihr Marketing aufgenommen und zum 25jährigen Jubiläum sogar einen Preis ausgelobt, für den Beweis, dass es Bielefeld nicht gäbe. Der aus Gronau in Westfalen stammende Musiker Udo Lindenberg hatte übrigens schon 1976 im *Bielefeld-Lied* gesungen `*Und sehen wir uns nicht in dieser Welt, so sehen wir uns in Bielefeld'*.

Paderborn

Ein Paderborner warnte mich einst, also der Hauptbahnhof, naja. Wenn man in Paderborn mit dem Zug ankommt bietet der relativ kleine Hauptbahnhof wirklich kein repräsentatives Entree. Geht man eine verkehrsreiche Straße Richtung Innenstadt, wird der Eindruck erst kaum besser. Die mittelalterliche Altstadt ging durch Bombardierungen im Zweiten Weltkrieg weitgehend verloren. Doch es gibt Highlights, wie sie etwa in Bielefeld nicht zu finden sind: den beeindruckenden Paderborner Dom, das im Krieg zerstörte, aber wiederaufgebaute Rathaus im Stil der Weserrenaissance und die Paderquellen, denen Paderborn seinen Namen verdankt. Über die Tatsache, dass Paderborn und Münster konservative katholische Städte sind, macht sich folgender Spruch lustig: *Und Gott sprach, es werde Licht. Und es ward Licht. Nur in Paderborn und Münster, da blieb es finster.*

Detmold

Lippe-Detmold eine wunderschöne Stadt heißt es im Lied. Die einstige Residenzstadt der Fürsten zu Lippe überstand den Krieg unbeschadet. Die Erwartungen bei meinem letzten Besuch waren deshalb hoch. Das neoklassische Opernhaus mit seinen Säulen erfüllte diese denn auch. Was das Schloss jedoch betrifft, da gibt es anderswo schönere. Auch Fachwerkstraßen hat man anderswo schon beeindruckender geschehen und das Hermannsdenkmal ist ein bisschen zu weit draußen. Bei einem Besuch im Juni 2020 überzeugt mich die Stadt jedoch. Ich besuche das Lippische Museum, sehe den grün umrahmten Schlossteich, etliche kleinere Flüsse und Stadtbäche und werde auch gewahr, dass der Dramatiker Christian Dietrich Grabbe (1801-1836), von Heinrich Heine *betrunkener Shakespeare* genannt, in der Stadt geboren wurde und dort auch starb.

Warburg

Bei meinem ersten Besuch von Warburg im Jahr 2013 war ich richtig geflasht von der großartigen Topografie, der Fachwerkaltstadt mit Berg- und Talbereich, der Burg und den vielen Kirchen. Mit hohen Erwartungen kam ich im Sommer 2019 wieder und ich fand die Stadt weiterhin schön, dieselbe Begeisterung wie beim ersten Mal wollte jedoch nicht aufkommen. Auch ist es ein sehr weiter Fußmarsch von der Altstadt zum Bahnhof. Überraschend am schönen Bahnhofsgebäude ist, dass in ihm ein buddhistisches Zentrum beheimatet ist. In der Altstadt ist wiederum St. Jakob seit 1996 ein syrisch orthodoxes Kloster und Zentrum der syrisch-orthodoxen Gemeinden Westfalens.

Herford

Der baskischen Industriestadt Bilbao gelang es, durch das vom Kanadier Frank Gehry (*1929) entworfene spektakuläre Guggenheim-Museum auf die touristische Landkarte zu gelangen. Seither wird dies Bilbao- oder Guggenheim-Effekt genannt. In Herford hat man mit einem ebenfalls dekonstruktivistischen Museumsbau von Gehry ähnliches versucht. Doch im Westfälischen war man weniger erfolgreich. Herford wird weiterhin nicht von Besuchern überrannt. Geht man vom nahen Bahnhof zum MARTA-Museum begegnet einem selten ein Tourist. Schaut man sich die kregelige Textil- und Möbelstadt Herford näher an, stellt man fest, dass diese alte Hansestadt so sehenswert ist, dass sie durchaus mehr Besucher verdient hätte.

<u>5 weitere Städte</u>

Minden

Mindens Stadtbild ist insgesamt nicht atmosphärisch dicht genug, um Minden zu einer Touristenstadt zu machen.

Minden hat jedoch einige interessante Industriekultur-Sehenswürdigkeiten. Dazu gehören der Bahnhof, eine Schiffsmühle auf der Weser und das Wasserstraßenkreuz, wo sich Weser und Mittellandkanal kreuzen.

Gütersloh

Gütersloh ist für mich die Stadt des soliden Mittelmaßes. Highlights wie Kathedralen und Schlösser hat die Stadt eigentlich keine. Immerhin gibt es eine solide Ansammlung von Fachwerkhäusern. In einem Fachwerkhaus befindet sich auch die schöne Buchhandlung Markus, die der Grund für meinen letzten Besuch war. Gütersloh hat am 31. Dezember 2018 die 100 000 Einwohnerschwelle erreicht und ist damit nach Bielefeld und Paderborn die dritte westfälische Stadt mit dem Status einer (kleinen) Großstadt. Ob man jetzt ambitionierter ist? Als ich einmal den Bus von Gütersloh in die kleine Fachwerkstadt Rietberg nehme, sehe ich entlang der Neuenkirchener Straße doch sehr repräsentative Wohngebiete und denke, vielleicht versteckt diese Stadt ihr Stärken ein bisschen.

Lemgo

Lemgo ist eine wunderschöne lippische Mittelstadt mit einem im Krieg unzerstört gebliebenen historischen Stadtbild. André Kaminski (1923-1991) bezeichnete sie in *Shalom Allerseits. Tagebuch einer Deutschlandreise* (1987), als *weißen Raben* unter den deutschen Städten. Also kam ich mit hohen Erwartungen hierher. Die Stadt war an diesem Sonntag von Lage aus nicht mal per Bahn zu erreichen. In der Innenstadt war zudem wenig Leben. Der Aha-Moment, der Kick fehlte irgendwie und ich dachte schön, aber so besonders ist das hier jetzt auch wieder nicht.

Blomberg

Fast nirgends sah ich Fachwerkensembles in derartig frisch sanierter Perfektion wie in Blomberg. Ein Höhepunkt ist das vielgiebelige Fachwerkrathaus. Auf dem Marktplatz zeigt sich der Drang ambitionierter Kleinstädte, Bronzefiguren aufzustellen. Auf dem Brunnen eine Bronzeplastik, die Frau Alheyd darstellt. Diese stahl anno 1460 Hostien aus der Kirche und warf sie in den Brunnen. Die gingen jedoch nicht unter, das sprach sich rum und so avancierte Blomberg zum Wallfahrtsort, was Aufschwung brachte.

Bad Oeynhausen

Diese Kurstadt hatte ich lange nicht auf dem Schirm. Dabei fährt der ICE vom Rheinland nach Berlin hier durch. Im Winter 2012 stieg ich hier endlich mal aus und war überrascht über die ausgedehnten Kuranlagen und die vielen repräsentativen Gebäude. Interessanterweise gibt es an beiden Enden der Bahnhofstraße ein Empfangsgebäude, den Nordbahnhof und den Südbahnhof. Im Herbst 2019 sehe ich, wie der ehemalige Spiegel-Redakteur Matthias Matussek Bilder aus Bad Oeynhausen postet. Er hatte einen Herzinfarkt und war zur Reha in dieser Stadt.

Besuchte Städte in Ostwestfalen-Lippe: 36 von 52

Top-Städte: Paderborn, Detmold

Quermania-Städte

Bad Salzuflen, Minden, Vlotho, Lemgo, Detmold, Paderborn, Höxter, Blomberg, Warburg, Rietberg, Rheda-Wiedenbrück, Gütersloh, Bad Oeynhausen, Horn-Bad Meinberg.

Andere besuchte Orte: Altenbeken, Bad Driburg, Bad Salzuflen, Beverungen, Bielefeld, Brakel, Bünde, Espelkamp, Halle/Westf., Herford, Lage, Löhne, Lübbecke, Lügde, Nieheim, Porta Westfalica, Rahden, Salzkotten, Schieder-Schwalenberg, Steinheim, Werther, Willebadessen.

8.2 Münsterland und Sauerland

Die fünf Städte, welche mich am meisten beeindruckt haben

Münster

Bundespräsident (1949-59) Theodor Heuss, ein Schwabe, meinte einmal, wenn er in einer schönen Stadt wie Bamberg oder Bremen wäre, sage er immer, das sei die zweitschönste Stadt Deutschlands. Das provozierte dann die Frage nach der schönsten Stadt. Darauf antwortete Heuss: `Münster´. Dabei war die Innenstadt Münsters im Zweiten Weltkrieg stark zerstört worden. Die wichtigsten Straßenzüge wurden jedoch relativ schnell im alten Stil wiederaufgebaut. Bei mir brauchte es trotzdem einige Besuche, bis sich eine gewisse Münsterbegeisterung einstellte. Blickt man vom Prinzipalmarkt auf die Lambertikirche, hat man den Eindruck, dass so ein Stadtbild in Deutschland doch etwas Besonderes ist. Weitere Highlights sind der Dom, der Stadthafen und die Promenade am Aasee.

Soest- heimliche Hauptstadt Westfalens

Soest mit seiner gut erhaltenen Fachwerkaltstadt wird viel gelobt. Wie in Münster brauchte es bei mir doch einige Besuche, bis wirkliche Begeisterung aufkam. Dieser Punkt war im Sommer 2019 erreicht, als ich erstmals den großen Teich sah, mit einem schönen Fachwerkhaus am Ufer und dahinter die Türme der Wiesenkirche. Das war der Augenblick, wo es mich flashte und wo ich zum Soest-Fan wurde. Das Rathaus und die Altstadtkirchen kamen mir darauf magisch und reizvoll vor und sogar der moderne Betonklotz eines Kaufhauses in der Fußgängerzone schien irgendwie zu passen, so verzaubert war ich.

Dortmund

In Dortmund ist Fußball eine Art Religion. Kommt man aus dem Hauptbahnhof, steht man vor dem Deutschen Fußballmuseum und einem Dortmund-Fanshop. Eine Rivalität besteht dabei zwischen Dortmund und Schalke. Um den Namen des Konkurrenzvereins nicht aussprechen zu müssen sagen die Dortmunder Herne-West, die Schalker Lüdenscheid-Nord. Bayern-München Torwart Sepp Maier meinte einst: *Morgens um sieben ist die Welt noch in Dortmund* (nach dem Kurt Hofmann Film, den ich bei meinem ersten Kinobesuch sah). Zur Expo 2000 in Hannover trug Dortmund mit dem größten Indianerzelt der Welt, dem 35 m hohen Big Tipi bei. Nach der Expo wurde es in der Erlebniswelt am Fredenberg in Dortmund aufgestellt. Manche meinten darauf *Morgens um acht steht ein Zelt noch in Dortmund.*

Freudenberg

Im Februar 2009 ließ ich mich vom Bahnhof Siegen mit dem Taxi nach Freudenberg bringen. Und ich hatte Glück, denn Neuschnee hatte die Landschaft verzaubert. Von einem Hügel aus sah man ein interessantes Muster von schwarzen Fachwerkbalken auf weißen Hausfassaden, irgendwie seriell, und dennoch mit leichten Unterschieden. Verzuckert durch den Schnee sah das faszinierend und un-wirklich aus. Fast besser als die Postkartenansicht, die man schon in etlichen Deutschland-Bildbänden gesehen hatte.

Arnsberg

Arnsberg ist die Hauptstadt des gleichnamigen nordrhein-westfälischen Regierungsbezirks. Es ist eine von Industrie geprägte Mittelstadt mit eher wenigen Sehenswürdigkeiten. Allerdings gibt es eine kleine Altstadt auf einer Anhöhe, die fast dörflich beschauliche Szenen bietet, so ein Brunnen vor einem Tore, flankiert von kleinen Fachwerkhäusern. Ich komme hier einmal nachts an und bin beeindruckt von der Topografie und der Beschaulichkeit der kleinen Altstadt. In Arnsberg wohnt übrigens der CDU-Politiker Friedrich Merz.

<u>Fünf weitere Städte</u>

Siegen

Einmal hatte ich eine Kollegin, die aus der Nähe von Siegen kam. Ich konnte nicht umhin, sie mit der Frage, *Was ist schlimmer als verlieren*? zu necken (Antwort: *Siegen)*. Einmal las ich, Siegen wäre eine Stadt, die sich zum Sterben in die Berge gelegt hätte. Der erste Eindruck von Siegen ist nicht so toll, vor allem wenn man mit der Bahn ankommt und den wenig repräsentativen Hauptbahnhof durchschreiten muss. Siegen hat auch keine so atmosphärische Altstadt, die Oberstadt ist relativ arm an historischen Gebäuden, abgesehen vom Oberen und Unteren Schloss, die architektonisch aber auch nicht so viel hermachen. Was aber schon beeindruckt, ist die Topografie, die sieben und mehr Hügel, auf denen Siegen liegt. Was Gewässer betrifft, gibt es nur einen kleinen Fluss, die Sieg. Doch mit dem Projekt *Siegen zu neuen Ufern* hat man den Fluss mit einer Zurücknahme der Überbauung, der Renaturierung des Flussbettes und dem Anlegen von Terrassen für die Bevölkerung in der Innenstadt wieder deutlich erlebbarer gemacht. Das hat der Stadt gutgetan. Was viele nicht wissen: in Siegen wurde der flämische Maler Rubens geboren. Im Schloss gibt es Rubensbilder und die Stadt verleiht einen Rubenspreis.

Hagen

Hagen ist auf vielen Listen der hässlichsten Städte Deutschlands zu finden. Bei einem Besuch Hagens ist man erstaunt, wie wenig Sehenswürdigkeiten es in der

Innenstadt gibt. Eine Ausnahme ist das Osthaus-Museum, aber das ist noch gar nicht so alt, vor der Eröffnung war hier wirklich wenig geboten. Die Stadt tut einem fast leid. Immerhin gibt es ein Opernhaus und der Bahnhof sieht auch nicht schlecht aus, zumindest von außen. In den frühen 1980er Jahren war Hagen kurz auf der deutschen Musiklandkarte: Gruppen wie Extrabreit und Nena kamen aus der Stadt, was ihr zum Beinamen *Deutsches Liverpool* verhalf.

Bochum

Tief im Westen, wo die Sonne verstaubt
Ist es besser
Viel besser, als man glaubt.
Bist ne ehrliche Haut
Leider total verbaut
Aber gerade das macht dich aus.
(Herbert Grönemeyer, `Bochum´)

Bochum ist keine Schönheit, aber eine ungeschminkte, ehrliche Stadt, die doch einige Sehenswürdigkeiten aufweisen kann, wie Kunstmuseen, einen brutalistischen Universitätskomplex am Hang der Ruhr und ein nachts sehr belebtes Kneipenviertel, Bermudadreieck genannt.

Bocholt

Bocholt ist eine kregelige Mittelstadt unweit der niederländischen Grenze. Als ich für ein Fahrradbuch recherchierte, kam ich einmal hierher, um zu schauen, ob hier wirklich so viele Radfahrer unterwegs sind. Tatsächlich fand ich eine Fahrradstadt vor, die mich durch ihre geradlinige Dynamik und dem schönen Rathaus auch sonst überzeugte.

Warendorf

Warendorf ist eine gemütliche kleine Pferdestadt im Münsterland unweit von Münster. Teilweise wirkt sie mit ihrer soliden Architektur wie ein *Münster im Kleinen*. Ich fuhr hin, weil die Zeitschrift Hörzu sie einmal unter den sehenswertesten Orten Deutschlands auflistete.

Besuchte Städte in den RB Münster und Arnsberg: 77

Top-Städte: Soest, Münster, Dortmund, Freudenberg

Quermania-Städte:

Soest, Münster, Arnsberg, Tecklenburg, Freudenberg, Lüdinghausen, Rheine

Andere besuchte Orte

Regierungsbezirk Münster

Ahaus, Ahlen, Beckum, Bocholt, Bottrop, Castrop-Rauxel, Coesfeld, Datteln, Dorsten, Drensteinfurt , Dülmen, Emsdetten, Erwitte, Gelsenkirchen, Gladbeck, Gronau, Greven, Herten, Isselburg, Lengerich, Lüdinghausen, Marl, Ochtrup, Oelde, Oer-Erkenschwick, Recklinghausen, Steinfurt, Tecklenburg, Telgte.

Regierungsbezirk Arnsberg

Altena, Attendorn, Bad Laasphe, Bad Berleburg, Bochum, Brilon, Dortmund, Ennepetal, Mende, Gevelsberg, Geseke, Marienheide, Hagen, Hallenberg, Hamm, Hattingen, Hemer, Iserlohn, Kamen, Kreuztal, Lennestadt, Lippstadt, Lüdenscheid, Lünen, Marsberg, Meinerzhagen, Menden, Meschede, Netphen, Olsberg, Plettenberg, Schmallenberg, Schwelm, Schwerte, Siegen, Sprockhövel, Unna, Werdohl, Werl , Winterberg, Witten.

8.3 NRW- Rheinland

<u>Die 5 Städte, welche mich am meisten beeindruckten</u>

Köln

Der Dom ragt in Köln so sehr als architektonische Sehenswürdigkeit heraus, wie kaum eine Kirche in einer anderen
deutschen Stadt. Man fragt sich, ob Köln ohne Dom
überhaupt eine sehenswerte Stadt wäre. Wenn man sich
auch noch den Rhein wegdenkt, dann bliebe nicht viel.
Leider ist Köln schlecht organisiert und holt aus seinem
Potential nicht das optimale raus. Vielleicht auch gerade
wegen des Doms. Gäbe es den nicht, müsste sich Köln viel
mehr anstrengen, um auf die Architekturlandkarte zu
kommen (so wie es bei Düsseldorf der Fall ist). Die Nord-
Süd-Stadtbahn ist nach dem Archiveinsturz um Jahre
verspätet, die Opernhaussanierung ist zum BER Kölns
geworden, das Stadtmuseum ist wegen eines Wasser-
schadens geschlossen. Die Erweiterung des Wallraf-
Richartz-Museums, nicht klar, wann die kommt.
Andererseits: keine andere Stadt empfängt einen so zentral,
wenn man aus dem Hauptbahnhof tritt. Und alles ist so
dicht beisammen, der Dom, die Fußgängerzone, das
Ludwig-Museum, der Rhein, die Hohenzollernbrücke.
In kaum einer anderen Stadt war ich so häufig, fast 1000-
mal. Hier muss ich sehr oft am Bahnhof umsteigen.

Düsseldorf

Düsseldorf und Köln sind Rivalen. Köln liegt
linksrheinisch, Düsseldorf rechtsrheinisch. In Köln ruft man
im Karneval Alaaf, in Düsseldorf Helau. In Köln trinkt man
Kölsch, in Düsseldorf Alt.
Die Kölner sagen: *Über Köln lacht die Sonne, über
Düsseldorf die Welt.* Eigentlich sollte den Kölnern das

Lachen vergehen. Düsseldorf ist viel besser organisiert, entwickelt sich schneller und ist heute wohlhabender als das verschuldete Köln. Allerdings ist die Ankunft mit der Bahn in Düsseldorf weniger gut. Es empfängt einen ein nichtssagender Platz und man muss weitere nichtssagende Straßenzüge, eine Mischung aus Wiederaufbauarchitektur und mediokrer Moderne durchqueren, bevor man zur Königsallee kommt. Diese ist dann allerdings viel nobler und repräsentativer als die Hohe Straße in Köln. Geht man weiter durch die architektonisch ebenfalls nichtssagende Altstadt zum Rhein, wird es fast noch besser. Eine beeindruckende Rheinpromenade führt einen zum architektonisch interessanten Medienhafen, der immer weiter ausgebaut wird.

Zurück am Hauptbahnhof fällt ein weiterer Unterscheid zu Köln auf. Hier bewegen sich die Menschen wie auf einem Laufsteg durch die Bahnhofsunterführung. Düsseldorf ist eben auch Modehauptstadt. In Köln hat der Menschenstrom eine geringere Geschwindigkeit, ist weniger zielgerichtet. Zu Karnevalszeiten ist wiederum in Köln mehr los.

Bonn

Was den Bonner Bahnhof betrifft, sagten Spötter einst: `Kommst du nach Bonn, suche nicht den Hauptbahnhof, er ist es´. Denn der Bahnhof hat relativ wenig Gleise. Kam man aus dem Bahnhof, hatte man erstmal das Bonner Loch vor sich, eine leicht angegammelte Treppenanlage, die zur U-Bahnebene führte. Andererseits war man vom Bahnhof zu Fuß überraschend schnell in der Fußgängerzone. Das Bonner Loch ist mittlerweile überbaut worden, Einkaufsklötze sind noch dichter an den Bahnhof gerückt. Kommt man jetzt raus, ist man schon unmittelbar in der Fußgängerzone. Altstadt und Münster sind nicht schlecht, aber Bonn wirkt auf den ersten Blick dennoch nicht beeindruckend und es ist auch keine pulsierende Metropole, eher herrscht Kurstadtatmosphäre vor. Bonn ist jedoch überraschend vielfältig mit ganz unterschiedlichen Stadtvierteln, Während es im Norden eher einfach zugeht, verblüfft die Eleganz der Stadthäuser in der Südstadt. Wo in Deutschland sieht man schon so ein geschlossenes und schönes Gründerzeitviertel. Ich kam einmal aus dem Staunen kaum raus, als ich dort durch die Straßen lief. Großartig ist auch die landschaftliche Einbettung, wie ein Blick von der Kennedybrücke deutlich macht. Südlich der Stadt die markanten Höhenzüge des Siebengebirges. Am Bonner Bogen in Rahmersdorf wird die schöne Lage der Stadt an den Bögen des Rheins und vor dem Mittelgebirge besonders augenscheinlich. Ich hatte mal eine Wohnung in Bonn und das ist eine Stadt, an die ich immer gerne zurückdenke.

Aachen

Bei Aachen geht es mir fast wie bei Köln. Ich denke, was wäre die Stadt, wenn es den Dom nicht gäbe. Beide Gebäude sind Teil der UNESCO-Liste des Weltkulturerbes. Und Aachen hat nicht Mal einen Fluss. Immerhin gibt es noch das gotische Rathaus, aber ohne Dom und Rathaus hätte Aachen erstaunlich wenig historische Bausubstanz vorzuweisen, obwohl die Stadt bereits von den Römern gegründet wurde und die Hauptpfalz Karls des Großen war.

Auch wenn es starke Kriegszerstörungen gegeben hat, wundert einen doch, dass nicht mehr an historischer Architektur übriggeblieben ist. Obwohl es eine Bäderstadt ist und der Stadtname sich von Wasser ableitet, gibt es zudem nicht mal einen richtigen Fluss in der Stadt. Aachen hat zumindest das Privileg, alphabetisch ganz am Anfang der deutschen Städte zu stehen, Deshalb nennt es sich auch nicht Bad Aachen. In Aachen hatte ich mal eine Wohnung und deshalb werde ich immer eine besondere Beziehung zu dieser Stadt haben.

Wuppertal

Der erste Eindruck, den man von Wuppertal bekam, wenn man mit dem Zug anreiste war lange nicht so gut. Das neoklassische Empfangsgebäude des Wuppertaler Hauptbahnhofs wurde durch einen Drogeriemarkt verschandelt. Vom Bahnhof musste man durch einen gammeligen Verbindungsgang, der wegen seines Geruchs auch *Harnröhre* genannt wurde, zur ebenfalls nicht so repräsentativen Fußgängerzone laufen. Mittlerweile ist das durch den Umbau des Döppersbergs viel besser geworden. Das Bahnhofsgebäude kommt jetzt besser zur Geltung, der Verbindungsweg ist oberirdisch und es sind ordentliche Plätze entstanden, auf einer unteren und einer oberen Ebene. Dennoch, Wuppertal ist eine eher arme Stadt mit sozialen Problemen. Andererseits war es einmal eine reiche Textilindustriestadt und entsprechende Villenviertel am Hang sind noch zu besichtigen. So schöne Wohnlagen gibt es in den Städten der Rheinebene kaum. Aber auch andere Stadtviertel erstaunen durch ihre lässige Lebensqualität, so das szenische Luisenviertel oder die Elberfelder Nordstadt. Je besser man Wuppertal kennt, desto mehr erschließen sich einem die speziellen Reize der Stadt. Und dann gibt es natürlich noch mit der Schwebebahn ein Verkehrsmittel, das keine andere Stadt so vorzuweisen hat.

<u>5 weitere Städte</u>

Duisburg

Duisburg gilt seit langem als verarmte Schwerindustriestadt in der Strukturkrise. Duisburg ist jedoch immer noch die größte Stahlstadt der EU und hat den größten Binnenhafen Europas. Mit spektakulärer Architektur im Innenhafen versuchte sich die Stadt lange eher erfolglose aus der Krise zu bauen. Der Innenhafen war es auch, der mich dazu brachte, Duisburg zu besuchen. Ein anderer Grund war das

Lehmbruck-Museum. Ich hatte mal im Hauptbahnhof von Aachen ein Plakat einer Ausstellung in diesem Museum gesehen und dann den Drang verspürt, da mal hinzufahren. Als ich vor fünf Jahren nochmal das Museum besuchte dachte ich, oh Mann, was für eine vergammelte Stadt. Zwei Jahre später sollte ich jedoch eine Wohnung nur 100 Meter vom Museum entfernt kaufen. Plötzlich erkannte ich auch die Reize der Stadt, stellenweise etwas vergammelt aber auch gemütlich und die Innenstadt fußläufig erkundbar. Cool ist es in Duisburg auch immer, einen Spaziergang am Innenhafen zu machen, die alten Getreidemühlen zu sehen, die die Stadt einst zum Brotkorb des Ruhrgebiets machten und Kunstmuseen im Hafen zu besuchen. Ein besonderes Highlight ist der Landschaftspark Nord. Besucher, mit denen ich das alte Stahlwerk nachts, wenn es bunt beleuchtet ist, besuchte meinten immer, das wäre eine ganz besondere Sehenswürdigkeit. Skurril ist es auch, auf dem Alsumer Berg mit Blick auf eine intensive Industrielandschaft ein Gipfelkreuz zu sehen. Berührend wiederum das private Loveparade-Mahnmal im Straßen-tunnel unter den Bahngleisen.

Duisburg, eine Stadt, an die man sich gewöhnen muss, die aber einige besondere Sehenswürdigkeiten zu bieten hat.

Mülheim/Ruhr

Als ich 2016 das Kunstmuseum Mülheim/Ruhr besuche kommt mir die Stadt vergammelt und unattraktiv vor. Ein Jahr später mache ich eine Radtour von Duisburg nach Mülheim und plötzlich flasht mich die Stadt ein bisschen. Man kommt an den Resten von Schloss Broich vorbei, kann am Stadthafen Mülheim gemütlich mit Blick auf die Ruhr essen und man findet sogar eine kleine Altstadt mit Fachwerkhäusern vor. Plötzlich wirkt Mülheim sogar irgendwie anheimelnd. Kein Wunder ist es ein bevorzugter Wohnstandort im Ruhrgebiet.

Essen

Der erste Eindruck von Essen ist nicht so toll (der Kabarettist Hagen Rether meinte, *Wenn so Essen aussieht, wie sieht dann Kotzen aus*). Der Bahnhof macht architektonisch wenig her, die Bahnsteige wirken vernachlässigt. Geht man Richtung Norden in die Fußgängerzone, findet man dort die üblichen Ketten, ohne viel Atmosphäre (allerdings gibt es hier das größte deutsche Kino, die Lichtburg). Geht man Richtung Süden, muss man erst eine Straßenschneise überqueren und ein Hochhausviertel durchschreiten. Bald jedoch kommt man an den Stadtgarten mit dem Aalto-Theater und der Philharmonie. Das Folkwang-Museum ist von dort auch nicht weit. Weiter im Süden, an der Ruhr, in Stadtteilen wie Kettwig und Werden wird es teilweise richtig idyllisch. Wolfgang Clement sagte zur 1200 Jahr-Feier von Werden einst: *Werden war schon geworden, als Essen noch im Werden war.* Im armen Norden Essens warten wiederum Sehenswürdigkeiten wie die Zeche Zollverein, die zum UNESCO-Weltkulturerbe gehört. An die einstige Stahlstadt erinnert der Spruch: *Was Krupp in Essen ist, bin ich im Trinken.*

Monschau

Einmal komme ich von Eupen mit dem Bus in Monschau an und bin dann ganz entzückt über die Atmosphäre der pittoresken Monschauer Altstadt. Im Dezember 2015 war ich hier wieder. Die Stadt ist voll im Weihnachtsmodus. Überall wird man von Weihnachtsmusik beschallt, einen Weihnachtsmarkt gibt es, überall blinken weihnachtliche Lichter. Fast fällt einem der Begriff Weihnachtsporno ein.

☞Interessanterweise hieß die Stadt früher Montjoie. Aber in den aufgewühlten Zeiten des Ersten Weltkriegs klang das zu französisch, so dass man sie 1918 umbenannte.

Krefeld

Krefeld ist eine eher unscheinbare Industriestadt (früher Textil, heute Chemie), die außerhalb von Nordrhein-Westfalen kaum bekannt ist. Fast wundere ich mich, dass ich hier schon zehnmal war. Die Stadt hat weder bedeutende Kirchen oder Schlösser, noch gibt es eine historische Altstadt. Einige Sehenswürdigkeiten gibt es aber doch.

Zum einen kommt man hier an einem in seiner Kubatur schönen Bahnhof an. Innen fehlt es leider an attraktiven Geschäften. Das zweite, was ich mir in der Stadt anschaue ist die Burg Linn. Der Stadtteil Linn ist auf der Liste der Historischen Stadt- und Ortskerne in NRW, welche ich in den Jahren 2013-15 systematisch abklappere. Ein weiteres Mal bin ich in der Stadt, um den Flagship-Store der Firma Remember zu besuchen, den es heute nicht mehr gibt.

Dann gibt es noch das nach einer Renovierung im Jahre 2016 in neuer Frische eröffnete Kaiser-Wilhelm Museum mit seiner historistischen Architektur. Hier gibt es auch einen Joseph-Beuys-Raum. Beuys (1921-1986) wurde in Krefeld geboren, aber leider gibt es in der Stadt kein Beuys-Museum. Schließlich gib es noch die von Mies van der Rohe entworfenen Häuser Esters und Lange, heute Kunstmuseen, wegen denen ich einmal extra anreise. Als ich in den Jahren 2017-2019 deutsche Opernhäuser sammle, komme ich wieder nach Krefeld. Hier finde ich ein 1960er Jahre-Theatergebäude vor, welches mir in seiner Originalität ausnehmend gut gefällt. Ich sehe hier die gut gespielte Komödie `Otello darf nicht platzen´. Anfang 2020 beginne ich, Jazzlokale zu sammeln. Und schon wieder komme ich nach Krefeld, denn dort gibt es den überregional bekannten *Jazzkeller*, eine sehr entspannte Location.

Ganz schön oft also in einer Stadt, die als graue Maus gilt und von der keine Bilder im überregionalen Gedächtnis vorhanden sind.

Besuchte Städte im Rheinland (NRW): 99

Top-Städte: Köln, Düsseldorf, Bonn, Aachen, Monschau, Wuppertal

Quermania-Städte:

Düsseldorf, Köln, Monschau, Bonn, Aachen, Wuppertal, Bad Münstereifel, Xanten, Kevelaer, Kleve

Andere besuchte Orte

Regierungsbezirk Düsseldorf (37)

Dinslaken, Dormagen, Duisburg, Emmerich, Erkrath, Essen, Goch, Grevenbroich, Haan, Heimbach, Hilden, Jüchen, Kaarst, Kalkar, Kempen, Korschenbroich, Krefeld, Meerbusch, Mettmann, Moers, Mönchengladbach, Mülheim/Ruhr, Neuss, Oberhausen, Ratingen, Remscheid, Solingen, Velbert, Viersen, Wesel, Willich, Wülfrath.

Regierungsbezirk Köln (52)

Alsdorf, Bad Honnef, Bedburg, Bergheim, Bergisch Gladbach, Bergneustadt, Bornheim, Brühl, Düren, Erftstadt, Eschweiler, Euskirchen, Frechen, Geilenkirchen, Gummersbach, Heinsberg, Hückelhoven, Hückeswagen, Erkelenz, Geilenkirchen, Herzogenrath, Hennef, Hückelhoven, Hürth, Jülich, Kerpen, Königswinter, Leverkusen, Linnich, Mechernich Meckenheim, Niederkassel, Nideggen, Overath, Pulheim, Radevormwald, Rheinbach, Rösrath, Siegburg, St. Augustin, Stolberg, Troisdorf, Übach-Palenberg, Wesseling, Würselen , Zülpich.

9. Hessen

In Hessen habe ich bereits die Hälfte aller Städte (95 von 191) besucht. Hessen liegt zentral in Deutschland und hier komme ich oft mit dem Zug durch. Außer Wiesbaden sind die größeren hessischen Städte im Krieg stark zerstört worden. Frankfurt hat sich dennoch zu einer auch architektonisch interessanten Metropole aufgeschwungen. Hessen hat eine Vielzahl kleiner, gut erhaltener Fachwerkstädte vorzuweisen. Im dünn besiedelten Nord- und Mittelhessen sind diese etwas ruhiger, verschlafener und authentischer als im dynamischeren, wachsenden Süden.

Die Stadt in Hessen, welche ich am häufigsten besucht habe, ist eindeutig Frankfurt, wo ich mindestens schon fünfzigmal war. Außerdem habe ich Verwandte dort und eine kleine Wohnung. Mehr als ein Dutzend Mal war ich schon in Oberursel (weil Verwandte dort wohnen), Wiesbaden und etwa ebenso oft in Kassel. In Darmstadt, Offenbach, Fulda und Gießen war ich etwa ein halbes Dutzendmal. Mindestens dreimal war ich bisher in Bad Homburg, Rüsselsheim, Hanau, Rüdesheim und Limburg. In den anderen besuchten hessischen Städten war ich erst ein- oder zweimal. Am liebsten bin ich in Frankfurt, einer dynamischen Metropole mit tollem Kopfbahnhof, wo es immer etwas Neues zu sehen gibt. Wiesbaden ist ein bisschen gediegener, aber der Fußweg durch den Park am Hauptbahnhof zu den Kultursehenswürdigkeiten ist ange- nehm. Für Kassel braucht man Zeit. Der ICE-Bahnhof ist am Stadtrand und vom Hauptbahnhof muss man erst architektonisch unattraktive Gebiete durchqueren, bevor es am Balkon der Stadt besser wird. In Darmstadt ist der Einstieg fast noch schwieriger. In Offenbach muss man wissen, wo man hinwill, um nicht enttäuscht zu werden.

Frankfurt

An der dynamischen Wirtschaftsmetropole Frankfurt imponiert schon die Ankunft im Hauptbahnhof, einem quirligen riesigen Kopfbahnhof, wo sich das Licht durch die Bahnsteighallen bricht, wo die ICEs aufgereiht dastehen und wo Lautsprecheransagen für alle möglichen Destinationen einem um den Kopf schwirren. Tritt man aus dem Bahnhof heraus, sieht man gleich Bankentürme. Lange war Frankfurt einzige Hochhausstadt Deutschlands, deshalb auch *Mainhattan* genannt, und noch heute hat es die meisten Wolkenkratzer im ganzen Land. Geht man weiter Richtung Stadtzentrum, kommt man erst durch das teilweise noch von Gründerzeitarchitektur geprägte Bahnhofsviertel, dann an einen Innenstadtring, an dem moderne Hochhäuser dominieren, schließlich trifft man in der Innenstadt auf Wiederaufbauarchitektur und Geschäfts-häuser aus den 70er und 80er Jahren. Steuert man den Römer an, sieht man fast original wirkende, rekonstruierte Fachwerkhäuser, die sogenannte Ostzeile. Dahinter die neue Altstadt, die erst vor ein paar Jahren entstanden ist. Ein paar Schritte weiter ist man am Main und kann vom Eisernen Steg die ganze von Wolkenkratzern geprägte Skyline auf sich wirken lassen. Eine solche Dichte an Bildern verschiedener Stilepochen bieten nur wenige andere Großstädte. Frankfurt eine dynamische Stadt, die sich laufend weiter verändert.

Fulda

Die osthessische Bischofs- und Barockstadt Fulda bietet ein überraschend vielfältiges und attraktives Stadtbild. Dazu gehören ein vieltürmiges Fachwerkrathaus, ein Barock-schloss und bedeutende Kirchen mehrerer Stilepochen.

Nach einer Innenstadtbegehung kommt man zum Schluss, dass ein so gut erhaltenes historisches Stadtbild in Deutschland selten ist und mehr Touristen vertragen könnte.

Kassel

Weil Kassel bedeutender Industrie- und Rüstungsstandort war, wurde es im Krieg mehrfach bombardiert. Die Schäden in der Innenstadt waren erheblich, 80% der Wohnhäuser wurden zerstört. Nach dem Krieg gab es keine Bemühungen, die verloren gegangenen Fachwerkhäuser wiederaufzubauen, vielmehr wurde eine autogerechte Stadt durchgesetzt. In den Nachkriegsjahrzehnten galt Kassel deshalb als unwirtliche und ungemütliche Stadt. Auch heute noch ist man überrascht, wenn man alte Aufnahmen der Fachwerk-Innenstadt sieht, wie anders die Stadt früher ausgesehen hat. Von der residenzstädtischen Architektur ist jedoch mehr übriggeblieben, vor allem außerhalb der Innenstadt. Dazu gehören der Bergpark Wilhelmshöhe mit dem Herkules und das Schloss Wilhelmshöhe. In der Karlsaue ist die Orangerie zu nennen Von der Innenstadt bietet sich zudem ein spektakulärer Blick über die nordhessische Landschaft. In den letzten Jahrzehnten sind zudem positive Architekturentwicklungen dazu gekommen, wie zum Beispiel der Wiederaufbau der Unterneustadt in moderner Form, die Documenta-Halle oder die Grimmwelt Kassel. Kassel ist heute vor allem mit Museen sehr gut ausgestattet. Und alle fünf Jahre gilt das alte Motto `ab nach Kassel'`, denn dann findet hier die documenta statt. 1997 wurde diese von der Pariserin Catherine David geleitet. David beschwerte sich einmal über die Provinzialität Kassels, die sich an Socken-Vitrinen eines Geschäftes in einer Straßenbahnunterführung zeigte. Als Protest gegen David wurde dann die *Sockumenta* ausgerufen (mit dem Logo einer durchgestrichenen Socke).

Ich besuchte damals diese Unterführung, um mir das Sockenschaufenster anzusehen und musste feststellen, dass es in Kassel immerhin eine unterirdische Straßenbahnhaltestelle gab, sozusagen eine U-Bahn, das Merkmal einer wahren Metropole. In der Unterführung nicht nur Socken, sondern ein riesiges von hinten beleuchtetes Foto des kanadischen Künstlers Jeff Wall (*1946). Dies war die erste documenta, die der Video- und Fotokunst breiten Raum einräumte.

Wiesbaden

Die hessische Landeshauptstadt Wiesbaden ist eine angenehme große Kurstadt mit guten Kunstmuseen. Viele finden sie zwar eher fad und langweilig. Ich muss jedoch die historistische Architektur des Hauptbahnhofes loben, von dem man durch einen Stadtpark zum sehenswerten Museum Wiesbaden kommt. Von dort ist es nicht weit zum Hessischen Staatstheater, welches zu den beeindruckendsten Opernhäusern Deutschlands zählt. Eine Bergbahn gibt es in der Stadt auch, zu einem Aussichtspunkt hoch mit einer russisch-orthodoxen Kirche. Wiesbaden hat mit dem Caligari auch ein *Juwel unter den Lichtspielhäusern*, wie es der aus Wiesbaden stammenden Regisseur Volker Schlöndorff (*1939) einmal formulierte. 2018 war ich hier mit einem Kollegen im Rahmen eines Dokumentarfilmfestivals. Als der Kollege wieder in dem Kino war, sah er Schlöndorff, der in Wiesbaden wohnt, und hätte ihn fast angesprochen. Der ehemalige Bundestrainer Helmut Schön (1915-1996) sagte mal über Wiesbaden: *das ist meine Fünfsterne-Stadt: Wasser, Wiesen, Wälder, Wein und Wohlbehagen.* Der in Mainz geborene Zeit-Kolumnist Harald Martenstein sah Wiesbaden jedoch als *in der ehrlichen Arbeiterstadt Mainz zutiefst verhassten schnöseligen nichtsnutzigen Beamtenstadt.* Andererseits gibt es ja auch den Spruch, *Früh aufstehen ist wie Wiesbaden, nicht Mainz.* Und emsige Erbsenzählerei betreiben sie ja auch im *Buddhistischen Standesamt*, wie das Statistische Bundesamt in Wiesbaden scherzhaft genannt wird.

Limburg

Limburg ist für mich deshalb etwas Besonderes, weil der Dom der Stadt einst den alten Tausendmarkschein zierte. Das war damals so viel Geld, dass man fast vor Ehrfurcht erstarrte, wenn man diesen Schein sah. Deshalb assoziierte man auch den Dom mit Wertigkeit. Später kam der Dombereich durch die luxuriösen Ausbaumaßnahmen im Diözesanzentrum durch Bischof Franz-Peter Tebartz-van Elst in die Schlagzeilen. Limburg hat zudem eine pittoreske bunte Fachwerkaltstadt und eine alte Brücke über die Lahn. Als ich mit rumänischen Bekannten durch die Stadt laufe, sind sie von Limburg sehr angetan.

Alsfeld

Alsfeld ist sehr klein. Der Marktplatz der Stadt ist jedoch unglaublich pittoresk. Hier ergeben Kirche, zweitürmiges Fachwerk-Rathaus und ein historisches Weinhaus dicht zusammenstehend ein visuell ansprechendes Ensemble. Ich komme hierher, um einen schönen Buchladen zu besuchen, der in einem Fachwerkhaus eingerichtet wurde.

Idstein

Wie in Alsfeld gibt es in Idstein ein Gebäude-Ensemble, dessen visuelle Reize einen fast umhauen. Dieses besteht aus einem orange gestrichenen Rathaus, ein danebenstehendes Fachwerkhaus mit schwarzen Balken, blauer Fassade und gelben Fenstern, den Burgeingang und den Hexenturm. Eine Stelle, wo man unwillkürlich Kamera oder Smartphone zückt.

Homberg (Efze)

In Hessen gibt es zahlreiche Fachwerkstädtchen. An einem strahlenden Wintertag wurde ich jedoch einmal von der Fachwerkperfektion von Homberg an der Efze besonders geflasht. Die Stadt hatte ich überhaupt nicht auf dem Radar und in der alten Quermania-Liste war sie nicht mal unter den schönsten Städten Hessens aufgelistet. Ich weiß nicht, wieso ich trotzdem hinfuhr, denn es gab nicht einmal einen Bahnhof. Ich sollte dies aber nicht bereuen und verbuchte die Stadt unter `wow, hier ist´s aber schön´.

Büdingen

In Büdingen gibt es wie in vielen hessischen Kleinstädten viel Fachwerk zu sehen. In Erinnerung blieb mir jedoch eher der warme Ton von Sandsteinfassaden. Besonders beeindruckend ist die Stadtbefestigung mit ihren dicken, runden Türmen. Als ich das im Internet poste, kommt eine Wow-Reaktion. Zurecht wird Büdingen auch als *hessisches Rothenburg* bezeichnet.

Marburg

Einst hatte ich eine litauische Kollegin, die besonders für Marburg schwärmte. Alle anderen mittelhessischen Städte waren für sie lediglich Stationen auf dem Weg nach Marburg. Mich hat Marburg jedoch noch nie so besonders geflasht. Zugegebenerweise ist die Topografie der Stadt beeindruckend, *in Marburg regnet es oder es geht bergauf*, sagt man, und dadurch, dass es eine Studentenstadt ist, ist die Stadt auch lebendig. Aber schöne Fachwerkstädte gibt es halt so viele in Hessen. Als ich Buchläden sammle, komme ich nochmal wegen dem 1969 gegründeten einstigen Szene Buchladen *Roter Stern*. Im Hinterzimmer wurden hier einst Plakate gedruckt, mittlerweile ist er jedoch in der Mitte der Gesellschaft angekommen.

Darmstadt

Die Darmstädter Innenstadt wurde im Krieg sehr stark zerstört. Wenn man vom sehenswerten Hauptbahnhof in die Innenstadt läuft, muss man viele erstaunlich atmosphärelose Straßenzüge durchqueren. Viele Stellen wirken wie `Kein Ort, nirgends´. In der Innenstadt gibt es jedoch einzelne Highlights wie das Schloss, ein kürzlich herrlich renoviertes Landesmuseum sowie das Jugendstilensemble der Mathildenhöhe. Ein interessantes Wohngebäude im Norden der Stadt ist zudem die 1998-2000 erbaute Waldspirale von Friedensreich Hundertwasser.

Fritzlar

Im Norden Hessens, unweit von Kassel findet sich eine besonders pittoreske Fachwerkstadt, Fritzlar. Der Marktplatz ragt in seiner Geschlossenheit und Originalität ein bisschen über andere kleine Fachwerkstädte hinaus.

Gießen

Justus von Liebig soll einmal gesagt haben, `Das Beste an Gießen ist sein Bahnhof´. Der Volksmund sagt wiederum, *Gießen liegt an der Bahn, nicht an der Lahn.*
Ich war schon öfters in Gießen, aber bis zur Lahn habe ich es nie geschafft, obwohl sie gar nicht so weit vom Bahnhof entfernt fließt und ich immer mit dem Zug ankam. Der gut erhaltene historische Bahnhof mit seiner Sandsteinfassade und dem auffälligen Uhrturm, da muss ich Justus von Liebig, der in Gießen gelehrt hat, Recht geben, ist bisher für mich immer das Beste an Gießen gewesen. Die im Krieg stark zerstörte und durch Wiederaufbauarchitektur geprägte Stadt kann nicht mit dem Charme anderer oberhessischer Fachwerkstädte mithalten. Einzelne Hightlights hat sie

dennoch, so ein Jugendstiltheater, ein Altes und ein Neues Schloss und ein Zeughaus. Eine lokale Berühmtheit in Gießen ist zudem wegen das Elefantenklo, eine 1960er Jahre Fußgängerüberführung mit großem Loch in der Mitte.

Hanau

Hanau hatte einst eine mittelalterlich geprägte Altstadt. Diese wurde im Zweiten Weltkrieg völlig zerstört. In der Innenstadt standen bei Kriegsende nur noch 7 Häuser. Der Wiederaufbau richtete sich nicht nach den alten Grundrissen, ein völlig neues Stadtbild entstand. In der Nachkriegszeit industrialisierte sich die Stadt zudem rasch. Wenn man vom wenig ansehnlichen Bahnhof in die Innenstadt geht, darf man deshalb keine architektonischen Wunder erwarten. Selbst das in den 1950er Jahren wieder aufgebaute Goldschmiedehaus beeindruckt nur mäßig. In den Stadtteilen finden sich jedoch weitere Sehenswürdigkeiten. In Steinheim gibt es ein Schloss und Fachwerkensembles. Im Westen Hanaus liegt das beeindruckende Schloss Philippsruhe. Als ich im dortigen Biergarten mit meiner Cousine mit Blick über den Main zu Mittag esse, meint sie, Hanau wäre doch überhaupt nicht hässlich.

Da die Stadt bald die 100 000 Marke erreicht, hat sie weitere städtebauliche Ambitionen und das Ziel die Innenstadt durch Teilrekonstruktionen zu verschönern.

Bad Homburg

Bad Homburg ist eine wohlhabende Kurstadt im Taunus, die schöne Parks und mehrere beeindruckende Einzelgebäude aufweist. Dazu gehört das Kaiser-Wilhelms-Bad, der Bahnhof und auch das Schloss mit dem pittoresken Weißen Turm. Wäre die Altstadt noch atmosphärischer, oder mittelalterlicher, könnte dies eine der Top-Städte Hessens sein.

<u>Weitere Orte</u>

Als ich einmal die wunderschöne Fachwerkstadt **Gelnhausen** mit ihrer vieltürmigen Marienkirche und der ehemaligen Kaiserpfalz besuchte, stellte ich fest, dass der Nachbarort eine Gemeinde mit dem Namen **Linsengericht** ist. Ich ließ mich mit dem Taxi hinfahren und fotografierte und postete das Ortsschild. Da erinnerte mich, dass meine in Hessen lebende Schwester wegen dieses Namens mal erwogen hat, dort zu heiraten und in einem Restaurant entsprechend zu essen. Die Hochzeit fand jedoch aus organisatorischen Gründen dann in **Eltville** am Rhein statt.

Nach **Gernsheim** am Rhein fuhr ich einmal allein wegen dem dort geborenen Peter Schöffer (1425-1503) und dem in der Innenstadt zu sehenden Schöfferdenkmal. Ich sammelte gerade Buchläden und Peter Schöffer gilt als der erste deutsche Buchhändler und Verleger, nachdem Johannes Gutenberg 1452 den Buchdruck erfunden hatte. Die Biermarke Schöfferhofer ist nach dem ehemaligen Haus Schöffers, dem Schöfferhof in Mainz benannt und zeigt auf dem Etikett ein Portrait Schöffers. Eine Flasche davon hatte ich mal Kollegen mitgebracht. Zum 500. Todestag Schöffers erhielt Gernsheim die Bezeichnung Schöfferstadt.

Zweimal war ich im osthessischen **Hünfeld**. Das erste Mal, um bestellte Gerätschaften abzuholen, mit denen man Tassen bedrucken konnte. Das zweite Mal war ich gerade dabei, Kunstmuseen zu sammeln und wollte das vom Künstler Jürgen Blum (1933-2015) im ehemaligen Gaswerk der Stadt eingerichtete riesige Museum Modern Art besuchen. Das war dann auch wirklich sehenswert, aber überraschenderweise gab es in der Stadt im Konrad-Zuse-Museum noch mehr Kunst zu sehen. Den in Berlin geborenen Computererfinder Konrad Zuse (1910-1995) hatte es nach dem Krieg nach Hünfeld verschlagen. Zuse war auch Künstler und hat über 500 Bilder gemalt. Wie kam Zuse auf Hünfeld, ich spekulierte, `Wo die Liebe

Hünfeld´. Ich erinnerte mich, dass, als ich 1991-1993 an der ETH Zürich gearbeitet hatte, eine chinesische Kollegin erzählte, wie sie wenige Jahre zuvor an der ETH einen Vortrag von Zuse gehört hätte. Der sei aber schon recht alt gewesen.

<u>**Besuchte Städte in Hessen:**</u> **95 von 191**

<u>**Top Städte:**</u> Frankfurt, Fulda, Kassel, Limburg Marburg,

<u>**Quermania-Städte:**</u> Wetzlar, Fulda, Eschwege, Bad Homburg, Alsfeld, Limburg/Lahn, Fritzlar, Herborn, Marburg, Kassel, Frankfurt, Wiesbaden, Wanfried, Homberg (Efze), Bad Hersfeld, Seligenstadt, Weilburg, Rotenburg/Fulda, Melsungen, Büdingen, Gelnhausen, Erbach, Rüdesheim, Braunfels, Butzbach, Michelstadt, Hirschhorn, Grünberg, Hanau, Bad Sooden-Allendorf, Schlitz, Lindenfels, Bad Wildungen, Bensheim, Eltville, Bad Camberg, Korbach, Steinau an der Straße, Lich, Groß-Umstadt, Neckarsteinach.

<u>**Andere Besuchte Orte:**</u>
Babenhausen, Bad Arolsen, Bad Karlshafen, Bad König, Bad Nauheim, Bad Orb, Bad Soden (Taunus), Bad Soden-Salmünster, Bad Vilbel, Battenberg, Baunatal , Bebra, (Bischofsheim), Darmstadt, Dillenburg, Eppstein, Eschborn , (Flörsheim), Frankenberg (Eder), Friedberg, Gießen, Grebenstein, Gersfeld (Röhn), Haiger, Hadamar, Heppenheim, Hochheim, Hofgeismar , Hofheim am Taunus, Hünfeld, Idstein , Immenhausen, Kelkheim, Kelsterbach, Kronberg im Taunus, Königstein im Taunus, Langen, Lauterbach (Hessen), Mülheim am Main, Michelstadt, Neu-Isenburg, Oberursel-Taunus , Offenbach, Rüsselsheim, Solms, Taunusstein , Usingen, Vellmar, Wächtersbach, Weiterstadt, Wetter, (Willingen), Witzenhausen , Wolfhagen, Zierenberg , Zwingenberg.

10. Rheinland-Pfalz

Mehr als die Hälfte der 129 rheinland-pfälzischen Städte habe ich bereits besucht. Hier gibt es keine großen Metropolen und die größeren Städte, außer Trier, wurden im Krieg stark zerstört. Hier finden sich jedoch viele kleine pittoreske Fachwerkstädte, vor allem an Rhein und Mosel. Rheinland-Pfalz ist durch Flusstäler und Mittelgebirge geprägt. Viele Städte liegen hier sehr schön an Flüssen oder eingebettet zwischen Hügeln. Gleichzeitig beeinträchtigt der Verkehr, einschließlich eines lärmigen Schienengüterverkehrs die Aufenthaltsqualität im engen Rheintal. In den größeren Städten gibt es zudem relativ gute Kunstmuseen.

Am häufigsten war ich in den Städten Trier (etwa zwanzigmal) Koblenz (mehr als ein Dutzend Mal) und in Mainz (etwa ein Dutzend Mal). Viermal und öfters habe ich Speyer, Neustadt an der Weinstraße und Kaiserslautern besucht, dreimal war ich in Andernach, Bingen und Worms. Die anderen Städte habe ich lediglich ein oder zweimal besucht. Die Stadt, die ich in Rheinland-Pfalz am liebsten besuche, ist wahrscheinlich Mainz. Die Landeshauptstadt ist eine dynamische und wachsende Stadt und hier gibt es deshalb immer wieder Neues zu entdecken. Gern bin ich auch im schönen Trier, das städtebaulich aber eher stagniert. Koblenz ist durch das Deutsche Eck sehenswert und durch die Bundesgartenschau hat die Stadt neue Impulse bekommen. Kaiserslautern ist eine Stadt mit nur mäßigem Reiz. Ludwigshafen gilt als eine der hässlichsten Städte Deutschlands, hat aber fast schon wieder seinen Gruselscharm. Immerhin hat man von hier, wo Ernst Bloch (1885-1977) und Helmut Kohl geboren wurden, den besten Blick auf Mannheim. Helmut Kohl lebte lange in einem Bungalow im Stadtteil Oggersheim. Ernst Bloch (1885-1977) bezeichnete Ludwigshafen als *ehrlichen Fabrikschmutz, den man gezwungen hat, Stadt zu werden.*

Mainz

`Der Architekt, der Mainz gebaut, gehört verprügelt und verhaut´. Irgendwo habe ich das mal gelesen, finde aber die Quelle nicht mehr. Dabei ist Mainz ja gar nicht mal so schlecht. Im Krieg wurde die Innenstadt stark zerstört, aber der Dom steht noch und die alten Straßenzüge wurden wiederaufgebaut, wenn auch mit vielen Neubauten dazwischen. Mainz bleibt eben Mainz. Mainz und Wiesbaden sind Rivalen. Mainz wirkt irgendwie lebendiger und urbaner als Wiesbaden. Für mich als Geograph ein Highlight: der im Fußgängerzonenpflaster markierte 50. Breitengrad, der durch die Innenstadt läuft. Mit Verwandten wundere ich mich einmal über die spektakuläre Architektur der neuen Synagoge. Eine bedeutende Architekturikone ist auch das von Arne Jacobsen entworfene Rathaus. Den besten Blick darauf und die Innenstadt hat man von Mainz-Kastel, also von Wiesbaden. Die einstigen rechtsrheinischen Mainzer Stadtteile Amöneburg, Kastel und Kostheim (AKK) kamen nach dem Krieg zu Wiesbaden.

Trier

Verschiedene Orte nehmen den Titel *älteste Stadt Deutschlands* in Anspruch. In Rheinland-Pfalz sind das gleich drei: Trier, Worms und Andernach. Trier war auf jeden Fall einst die bedeutendste Stadt auf dem Gebiet des heutigen Deutschlands. Zur Römerzeit galt Trier als *Roma Segunda*, als Zweites Rom und größte Stadt nördlich der Alpen. Ein Stadtmodell im Landesmuseum zeigt eindrucksvoll die Ausdehnung der Stadt zur damaligen Zeit. Auch die Porta Nigra, das schwarze Tor, gibt noch Zeugnis von der einstigen Größe Triers. In Trier fehlen ein bisschen die modernen Impulse, auch im Verkehrsbereich. Kommt man im Bahnhof an, wundert man sich, wie klein und provinziell dieser wirkt, während der entsprechende Bahnhof im nahen Luxemburg Stadt durch die wachsenden Pendlerströme permanent erweitert wird und mittlerweile viel großstädtischer wirkt. Bis 2001 war Trier eine der wenigen Orte mit innerstädtischer Seilbahn. Ich konnte die Seilbahn noch im Jahr 2000 nutzen. Doch die Technik war in die Jahre gekommen. Bei einem Reaktivierungsversuch im Jahr 2004 stürzte ein Arbeiter ab und starb. Darauf wurde das Projekt aufgegeben und die Anlagen später abgebaut. Der 1960er Bau des Trierer Theaters ist ebenfalls in die Jahre gekommen und sogar eine Schließung stand im Raum. Vorerst konnte sie aber abgewendet werden. 2018, zum 200. Geburtstag von Karl Marx (am 5. Mai 1818 in Trier geboren), kam jedoch eine Sehenswürdigkeit dazu. Eine mit Sockel 5.5 m hohe Marx Statue, gestiftet von der Volksrepublik China. Die war ein bisschen größer, als ursprünglich erwartet und es gab auch Proteste wegen der Aufstellung. Die fünf Ecken des Sockels verweisen auf fünf Städte, die im Leben von Marx eine wichtige Rolle spielten: Trier, Berlin, Hamburg (oder Brüssel), Paris, London. Heute spielt Trier leider nicht auf Augenhöhe mit diesen Metropolen.

Speyer

Speyer hat diesen unglaublichen romanischen Dom, der auch auf der UNESCO-Liste des Weltkulturerbes verzeichnet ist. Für Kunstinteressierte gibt es noch einen weiteren Grund, hierher zu fahren. Im 19. Jahrhundert wurden in der Stadt gleich zwei bedeutende Maler geboren: Anselm Feuerbach (1829-1880) und Hans Purrmann (1880-1966). Die Geburtshäuser sind heute Museen für den jeweiligen Maler.
☞: Ex- Bundeskanzler Helmut Kohl (1930-2017) wurde in Ludwigshafen geboren und starb auch dort (in Oggersheim). Begraben ist er jedoch auf dem Alten Friedhof in seiner Lieblingsstadt Speyer.

Koblenz

Koblenz mochte ich anfangs nicht so. Der schöne Hauptbahnhof ist weit von der Innenstadt entfernt und die Fußgängerzone ist architektonisch wenig erbaulich. Etliche Autoschneisen trüben das Stadterlebnis. Doch dann gibt es ja noch die Rheinpromenade und den Zusammenfluss von Rhein und Mosel, das Deutsche Eck, mit monumentaler Pferdestatue. Auf der anderen Seite des Rheins die heute per Seilbahn erreichbare Festung Ehrenbreitstein. Dazu ein imposantes Schloss, mehrere Kunstmuseen und sogar ein Opernhaus. Insgesamt also doch einiges zu sehen.

Neustadt an der Weinstraße

In Neustadt an der Weinstraße war ich mindestens schon ein halbes Dutzendmal. Die Stadt begeistert durch ihre Lage am Fuß und in den Hängen des Pfälzer Waldes. Neben einer schönen Sandstein- und Fachwerkaltstadt gibt es ein Museum für den in dieser Stadt geborenen impressionistischen Maler Otto Dill. Die Eltern einer Kollegin setzen sich in Neustadt zur Ruhe, und wohnen nicht weit von diesem Museum.

Fünf weitere Städte

Montabaur

Ich bin sehr oft mit dem ICE von Köln Richtung Frankfurt unterwegs. Manchmal hält der Zug in Montabaur, meistens fährt er jedoch durch. Vom Zug aus sieht man jedoch das auf einem Hügel liegende Schloss. Man bemerkt auch, dass sich die Pendlerparkplätze immer mehr füllen und dass auf der Stadtseite ein Gewerbegebiet wächst. Der rheinland-pfälzische Ministerpräsident Bernhard Vogel hat diesen Halt einst durchgesetzt, damit dieses Bundesland auch von der sie querenden ICE-Schnellstrecke profitiert. Anfangs nutzen hier nur wenige den Bahnhof, aber die Zahlen steigen seit Jahren. Montabaur bietet attraktive Pendelzeiten sowohl nach Frankfurt als auch nach Köln. Die Internetfirma 1&1 sitzt zudem in dieser Kleinstadt, welche nach dem Mons Tabor der Bibel benannt wurde.

Kaiserslautern

Kaiserslautern wirkt anfangs eher fade. Man hat den Eindruck, durch eine im Krieg stark zerstörte und dann später in mittelmäßiger Weise wieder aufgebaute Stadt ohne große Höhepunkte, wie historische Kirchen und Schlösser, zu laufen. Vor allem vermisst man auch eine pittoreske Altstadt. Immerhin verfügt die Stadt über ein ordentliches Kulturangebot. Einmal komme ich extra her, um das Kunstmuseum Pfalzgalerie, welches in einem überraschend großen historischen Gebäude beheimatet ist, zu besuchen. Ein anders Mal sehe ich eine Oper im Pfalztheater. Der Roman des aus Kaiserslautern stammenden Schriftstellers Christian Baron `Ein Mann seiner Klasse´ (2020) spielt hier.

Idar-Oberstein

Von der lokalen Bevölkerung eher unterstützt, aber zum Entsetzen vieler auswärtiger Stadtplaner und Architekturfreunde, wurde in der Schmuckstadt Idar-Oberstein von 1980-86 der Fluss Nahe im Ortsteil Oberstein durch eine vierspurige Bundesstraße überbaut. Spötter nannten die Stadt daraufhin *Idar-Oberbeton* und verliehen ihr den ersten Platz im Wettbewerb um die konsequenteste Verschandelung eines historischen Stadtbildes. Doch auch die sonstige Architektur löst keine Begeisterung aus. Im Stadtteil Idar verschandelt das brutalistische Hochhaus der Diamant- und Edelsteinbörse zudem das Stadtbild. Einzig mäßig interessante Sehenswürdigkeit scheint die Felsenkirche zu sein. Von hier blicke ich bei meinem Besuch im Jahr auf eine landschaftlich schön gelegene Stadt, deren Stadtbild aber enttäuschend ist.

Bad Ems

Bad Ems ist eine schön an der Lahn gelegene Kurstadt mit weniger als 10 000 Einwohnern. Die Stadt ist winzig, aber dennoch gibt es hier einen Bahnhof mit Bahnsteighalle, prächtige Kurbauten an einer schönen Promenade, einschließlich einem Spielcasino und ein Kurhaus. Eine Standseilbahn gibt es hier auch. Ich frage mich, warum selbst das Statistische Landesamt von Rheinland-Pfalz hier sitzt

Worms

Worms gehört zu mehreren Städten, welche reklamieren, die älteste Deutschlands zu sein. Worms ist immerhin deutsches Mitglied im Arbeitskreis der ältesten Städte Europas und sieht sich dadurch offiziell im Status älteste Stadt Deutschlands bestätigt.

Der Wormser Dom gehört zu den bedeutendsten und schönsten romanischen Kirchen Deutschlands, findet sich aber, anders als der von Speyer, nicht auf der UNESCO-Welterbeliste. Abgesehen vom Dom fehlt es der übrigen Stadt an Atmosphäre. Sie ist geprägt von nicht besonders schöner Wiederaufbauarchitektur kombiniert mit wenig stimmigen provinziell wirkenden 1970er Jahre-Gebäuden. Einmal hatte ich einen aus Worms stammenden Kollegen, der ein Plakat mit Bildern aus der Stadt an seiner Büroaußentür hängen hatte. In großer Schrift stand *Worms* darüber. Ich meinte, die englischsprachigen Kollegen würden den Stadtnamen wohl nicht so besonders gut finden. ☞Unweit von Worms und Ludwigshafen das Dorf Kallstadt. Aus Kallstadt stammen die Vorfahren zweier wichtiger US-Familien: Heinz (Ketchup) und Trump.

Weitere Orte

In Andernach komme ich mehrmals mit dem Zug an, einmal, um zum Kloster nach Maria Laach zu fahren, ein andersmal geht es weiter nach Mayen und in das hübsche

Eifeldorf Monreal. In Andernach selbst besuche ich das Geburtshaus des deutsch-amerikanischen Schriftstellers Charles Bukowski (1920-1994). Eine weitere Sehenswürdigkeit in Andernach ist der größte Kaltwassergeysir der Welt. Dahin habe ich es aber noch nicht geschafft.

Die ehemalige Schuhstadt **Pirmasens** ist Inbegriff einer westdeutschen Mittelstadt mit Strukturproblemen, einer shrinking city. Pirmasens fehlen architektonische Highlights, es ist aber keine hässliche Stadt. In Rheinland-Pfalz sagt man dennoch, *will Gott einen bestrafen, schickt er ihn nach Ludwigshafen. Bestraft er ihn ein zweites Mal, schickt er ihn nach Frankenthal. Bestraft er ihn in Permanenz, schickt er ihn nach Pirmasens.*

Besuchte Städte in Rheinland-Pfalz: 72 von 129

Top Städte: Mainz, Trier, Speyer, Koblenz

Quermania-Städte: Worms, Trier, Speyer, Bernkastel-Kues, Koblenz, Bad Kreuznach, Cochem, Bacharach, Mainz, Bad Neuenahr. Ahrweiler, Freinsheim, Idar-Oberstein, Diez, Bingen, Deidesheim, Neustadt an der Weinstraße, Bad Ems, Bad Dürkheim, Hachenburg, Annweiler am Trifels, Wachenheim an der Weinstraße, (Kirchheimbolanden), (Meisenheim am Glan), Boppard, Linz am Rhein, Unkel, Bad Bergzabern, Saarburg, (Oberwesel).

Andere Besuchte Orte:
Alzey, Andernach, Bad Breisig, Bad Hönningen, Bad Münster am Stein, Bad Sobernheim, Bendorf, Betzdorf, Braubach, Dahn, Edenkoben, Frankenthal, Gau-Algesheim, Germersheim, Gerolstein, Grünstadt, Haßloch, Hillesheim, Ingelheim a. Rhein, Kaiseresch, Kaiserslautern, Kandel, Kirchen (Sieg), Konz, Lahnstein, Landau in der Pfalz, Ludwigshafen, Mayen, Montabaur. Mülheim-Kärlich, Nassau, Remagen, Neuwied, Pirmasens, St. Goar, St. Goarshausen, Schweich, Sinzig, Vallendar, Weißenthurm, Wissen, Wittlich, Wörth am Rhein, Zweibrücken.

11. Saarland

Das Saarland ist mit etwa 2500 km^2 so klein, dass es in den Medien oft als Maßeinheit für Umweltkatastrophen herhalten muss (z.B. `Ölteppich so groß wie das Saarland´). Auch mit seiner Bevölkerungszahl von einer Million bietet es eine runde Bezugsgröße. Dies passt auch zum Motto des Landes `Großes entsteht im Kleinen´. Auffallend ist, wie viele deutsche Spitzenpolitiker aus dem Saarland kommen (z.B. Altmaier, Maas, Kramp-Karrenbauer, in der DDR stammte Erich Honecker aus dem Saarland).

Die erste saarländische Stadt außer der Landeshauptstadt Saarbrücken, die mir in den Medien begegnete, war St. Wendel. Am 24. Januar 1985 wurde der saarländische Ministerpräsident Werner Zeyer von Papst Johannes Paul II. zu einer Audienz empfangen. Der Papst fragte ´Sie kommen aus Saarbrücken´? Darauf korrigierte Zeyer `Nein, aus St. Wendel´. Diese Anekdote hatte ich als Geograph nie so richtig verstanden, denn warum soll man nicht genau sein? Vielleicht sollte man aber auch den Papst nicht korrigieren.

Als ich im Jahr 2015 las, dass es im Saarland nur 17 Städte gibt, beschloss ich, die mir noch fehlenden 8 Städte zu besuchen, um sagen zu können, ich hätte alle Städte des Saarlandes gesehen. Als ich das im Frühling 2016 erreicht hatte, wunderte sich eine saarländische Lokalpatriotin, dass es überhaupt so viele Städte im Saarland gebe. Natürlich hatte sie selbst noch nicht alle gesehen.

Von den 17 saarländischen Städten war ich am häufigsten in Saarbrücken, vielleicht fast 20 x schon. In Völklingen war ich bisher viermal. In Homburg dreimal und in Merzig und Saarlouis jeweils zweimal, Die anderen saarländischen Städte habe ich erst einmal besucht. Keine saarländische Stadt hat mich bisher geflasht aber Saarbrücken finde ich ok, Ottweiler ganz nett und Völklingen gruselig interessant.

5 Städte, welche mich am meisten beeindruckt haben

Saarbrücken

Ins Saarland kam ich zum ersten Mal im Oktober 1989. Da fand der Deutsche Geographentag in Saarbrücken statt. Ich fand die Stadt relativ lässig und attraktiv. Mir gefiel vor allem der neue Park an der Saar. Es gibt Versuche, die Attraktivität weiter zu erhöhen, zum Beispiel durch das Projekt *Stadtmitte am Fluss*. Die Aufwertung der Berliner Promenade an der Saar mit neuen Treppenzugängen war ein erster Schritt. Ein weiterer Schritt wäre die Tieferlegung der innerstädtischen Autobahn an der Saar, doch dies ist ein langwieriges und teures Projekt, für welches zurzeit jedoch das Geld fehlt. Interessanterweise liegt das heutige Stadtzentrum, inklusive Hauptbahnhof, in der bis 1909 ehemals selbständigen Stadt St. Johann. Am St. Johanner Markt findet das Nachtleben statt. Alt-Saarbrücken, wo auch das Schloss liegt, ist heute ein eher beschauliches Nebenzentrum.

Neunkirchen

In den 1980er Jahren wurde Neunkirchen in den Medien mehr erwähnt als heute, denn der DDR-Staatsratsvorsitzende Erich Honecker war dort geboren. Also Udo Lindenbergs ein Video zum Song Sonderzug nach Pankow drehte, welcher sich an Honecker richtete, wählte man dafür den Hauptbahnhof von Saarbrücken aus. In den 1980er Jahren durchlief Neunkirchen einen heftigen Strukturwandel von einer durch Bergbau und Stahlwerke gekennzeichneten Hüttenstadt zu einer Einkaufsstadt. Am zentralen Stumm-Platz wurde direkt vor ein stillgelegtes Stahlwerk ein Einkaufszentrum platziert. Dass in einer Innenstadt rostige Stahlwerke in den Himmel ragen ist ein gewöhnungsbedürftiger, aber interessanter Anblick.

Völklingen

Oft findet sich Völklingen mit seiner dystopischen Ansammlung von Kraftwerken und Stahlhütten auf der Liste der hässlichsten Städte Deutschlands. Andererseits liegt in der Industriekultur auch eine bizarre Schönheit, das Stahlwerk von Völklingen findet sich mittlerweile auf der UNESCO-Liste des Weltkulturerbes und ist zu einem wichtigen Kultur-Veranstaltungsort geworden. Wenn man aus dem Bahnhof tritt, muss man angesichts der städtebaulichen Verhältnisse Völklingens allerdings erstmals schlucken und selbst wenn man Richtung Fußgängerzone geht, wird es nur mäßig besser.

Ottweiler

Wenn man fragt, ob es im Saarland auch schöne Städte gäbe, wird meist Ottweiler genannt. Nach Übereinstimmung aller ist das die schönste Stadt des Saarlandes. Blieskastel mit seiner barocken Anmutung wird ebenfalls zu den schöneren Städten des Saarlandes gerechnet.

Saarlouis

Eine relativ lässige Stadt mit hoher Lebensqualität ist auch Saarlouis, eine Festungsstadt mit Sechseckgrundriss. Im Dritten Reich klang sie den Machthabern zu französisch. Sie tauften die Stadt deshalb 1936 in Saarlautern um.

Weitere Städte

Die restlichen Städte sind außerhalb des Saarlandes eher unbekannt. St. Ingbert ist eine behagliche Mittelstadt, Homburg eine Einkaufsstadt. Homburg wird ab und zu mit Bad Homburg verwechselt, manchmal auch mit Hamburg. Merzig ist manchen wegen der nahen Saarschleife ein Begriff, Dillingen wegen der Dillinger Hütte. Nur wenige kennen jedoch Orte wie Püttlingen, Wadern oder Sulzbach.

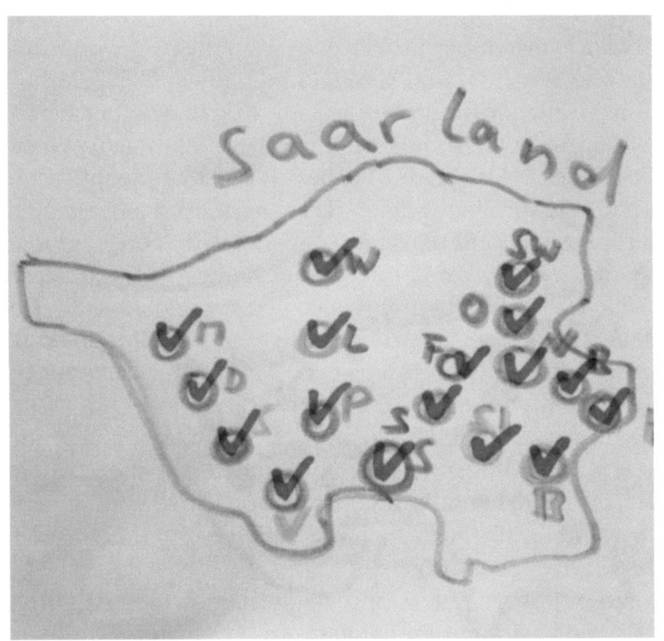

2015 von mir auf Facebook gepostete Skizze aller besuchten saarländischen Städte.

Besuchte Städte im Saarland: 17 von 17

<u>Top Städte (Deutschland Top 120)</u>
Saarbrücken

<u>Quermania-Städte:</u> Saarbrücken, Ottweiler, Blieskastel.

<u>Andere besuchte Orte</u>
St. Wendel, Saarlouis, Saargemünd, Neunkirchen
Buxbach, Sankt Ingbert, Homburg (Saar), Merzig, Dillingen, Friedrichsthal, Lebach, Püttlingen, Sulzbach/Saar, Wadern

12. Baden-Württemberg

Ich bin im württembergischen Isny im Allgäu geboren und in der Nachbargemeinde Argenbühl aufgewachsen. Deshalb war ich in allen württembergischen Allgäu-Städten bereits recht häufig. Mehr als die Hälfte der Städte des Bundeslandes (169 von 312) habe ich bereits besucht.

Während die großen Städte des Landes im Krieg stark zerstört wurden (mit Ausnahme von Heidelberg), gibt es zahlreiche ehemalige Freie Reichstädte mit größerem Altstadtkern und oft mit vielen Fachwerkhäusern. Der badische Landesteil hat trotz geringerer Bevölkerungszahl jedoch mehr Städte mit über 100 000 Einwohnern (Karlsruhe, Mannheim, Heidelberg, Freiburg und Pforzheim) als der württembergische Teil (Stuttgart, Heilbronn, Ulm und Reutlingen). Das kulturelle Angebot ist im badischen Teil ebenfalls dichter. Hier gibt es fünf Opernhäuser und ein Festspielhaus, im württembergischen Landesteil dagegen nur zwei.

Während Stuttgart nur wenig deutschlandweite Ausstrahlung hat und südlich der Donau die Anziehungskraft von Zürich und München lange höher war, ist die Bedeutung der Landeshauptstadt in den letzten Jahrzehnten doch gewachsen. Schleichend entwickelt es sich zu einer Metropole. Stuttgart gehört bereits, was den Immobilienmarkt betrifft zu den sieben A-Städten in Deutschland.

Auffallend ist auch, dass der schwäbische Dialekt nach Süden und Norden vordringt, allerdings immer stärker durch Hochdeutsch verwässert, und alemannische und fränkische Sprachfärbungen verdrängt.

Abgesehen von meiner Heimatstadt Isny und der Nachbarstadt Wangen war ich bisher am häufigsten (>50x) in Ulm, Mannheim, Ravensburg, Stuttgart und Karlsruhe. Mehr als 10x war ich in Freiburg, Weil am Rhein, Offenburg, Leutkirch und Biberach, mehr als 5 x in Friedrichshafen, Konstanz und Tübingen.

12.1 Regierungsbezirke Stuttgart und Tübingen

Die 10 Städte, welche mich am meisten beeindruckten

Stuttgart

Als Allgäuer ist man eher nach München orientiert, als nach Stuttgart, eine Stadt, welche für einen Allgäuer weit hinter der Schwäbischen Alb liegt. Auch hatte man im Allgäu immer den Eindruck in Stuttgart gäbe es nicht mal eine richtige Universität. Stuttgart wirkt auch kleinstädtischer und weniger metropolenhaft als München. Lange wurde ich mit Stuttgart nicht so richtig warm. Matthias Riesling bezeichnete die Stadt einmal als *Stadt zwischen Hängen und Würgen*. Lange galt der Spruch in *Stuttgart lebt man heimlich gut, in München unheimlich gut*. Stuttgart war pietistisch geprägt, Teil des *Pietcong*. Kam man mit dem Zug an, wirkten die Bahnsteige eher vernachlässigt, wegen Stuttgart 21 lohnte sich eine Sanierung nicht mehr. Das Empfangsgebäude selbst ist dann gar nicht so schlecht. Es wurde einmal von einem Journalisten als *Tempel eines unbekannten Kultes* beschrieben. Kommt man über die Klett-Passage in die Fußgängerzone wirkt diese erst mal enttäuschend kommerziell. Bald ist man jedoch am Schlossplatz, der schon mehr hermacht. Geht man parallel zur Fußgängerzone an der Oper vorbei, wirkt Stuttgart plötzlich sehenswert und gemütlich. Wird man einmal einen der vielen großartigen Blicke auf die Stadt gewahr, zum Beispiel von der Weißenhofsiedlung, wird man Stuttgart plötzlich mit anderen Augen sehen. Bei meinem vorletzten Besuch fuhr ich in den Teilort Bad Cannstatt, um Stuttgarts Automobilgeschichte aufzuspüren. Dort kann man das Gewächshaus besichtigen, in welchem Gottlieb Daimler 1886 das erste vierrädrige Auto entwickelte (gleichzeitig baute Benz eines in Mannheim mit drei Rädern). Das erste Motorrad, der Reitwagen ist ebenfalls zu sehen.

Ulm

Ulm ist eine meiner Lieblingsstädte in Baden-Württemberg. Dabei ist der erste Eindruck nicht mal so toll. Der Hauptbahnhof macht nicht viel her und lange musste man durch eine unansehnliche Unterführung in die Innenstadt. Die ist jetzt weg, aber jetzt beherrscht ein Gewirr von Baustellen das Bild. In der Fußgängerzone wird es erstmal nicht viel erbaulicher. Das Geburtshaus von Albert Einstein steht nicht mehr, eine Skulptur des Schweizer Bildhauers Max Bill erinnert jedoch noch daran.

Biegt man jedoch nach rechts ab und folgt einem kleinen Fluss, der großen Blau, ins Fischerviertel findet man ein pittoreskes Ensemble von Fachwerkhäusern und kleinen Flüssen und Bächen. Alsbald ist man an Donau und Stadtmauer. Diese lässt sich begehen und von dort hat man einen wunderbaren Blick auf die vorderste Häuserreihe der Altstadt. Noch besser ist der Blick allerdings von Neu-Ulm auf die Stadt. Von der Stadtmauer über das Rathaus kommt man zum Münster, eine der beeindruckendsten Kathedralen Deutschlands. Dessen Besteigung bis zur äußersten Spitze ist nichts für schwindelfreie, aber ein einmaliges Erlebnis. Am Rathausplatz ist an der Westseite die 1950er Jahre Wiederaufbauarchitektur nicht so großartig. Das einst umstrittene Stadthaus des amerikanischen Architekten Richard Meier setzt jedoch Impulse. Weiter östlich wird die Altstadt dann historischer, Fachwerk dominiert immer mehr gegenüber Wiederaufbauarchitektur.

Tübingen

Mein erster Besuch in Tübingen fand während der Zeit statt, als ich in Zürich lebte. Als ich den Tübinger Marktplatz sah, musste ich anerkennend sagen, dass er es mit der Perfektion Schweizer Städte aufnehmen konnte.

Als alte Universitätsstadt hat Tübingen sogar einige wissensbezogene und literarische Sehenswürdigkeiten. So kann ein Buchladen einen Sessel vorweisen, in welchem einst der Philosoph Ernst Bloch saß. In einem Park in den Hügeln der Stadt gibt es wiederum einen Stein, der den Mittelpunkt Baden-Württembergs markiert. In der Altstadtbuchhandlung Heckenhauer absolvierte einst der Schriftsteller Hermann Hesse eine Lehre. Und im Hölderlinturm am Neckar wohnte der Dichter Friedrich Hölderlin von 1807 bis zu seinem Tod im Jahre 1843. All diese Dinge konnte ich bereits besichtigen.

Ravensburg

Südlich der Alb, zwischen Donau und Bodensee, fehlt es an einem richtigen Oberzentrum. Zwei Städte, die fast dafür in Frage kämen, Ulm und Konstanz, liegen zu sehr am Rand dieses Raumes. Deshalb gab es in den 1970er Jahren die landesplanerischen Bestrebungen die Städte Ravensburg und Weingarten zusammen zu legen. Doch Nachbarstädte sind oft die größten Rivalen, und so scheiterte dies an deren Widerstand. Immerhin bekam Ravensburg einen großen Landkreis, der bis ins Allgäu reicht. Der Osten dieses Landkreises war traditionell eher nach Bayern und damit Kempten ausgerichtet und bedauerte sehr, dass das weit entfernte Ravensburg statt das beschauliche Wangen Kreissitz sein sollte. Mittlerweile hat man sich an die prosperierende Mittelstadt Ravensburg als Kreissitz gewöhnt. Ravensburg hat sich die letzten Jahre gut entwickelt und überzeugt mit seinem inhaberorientierten kleinteiligen Einzelhandel vor historischer Kulisse. Von Freiburg hat man sich die kleinen frei gelegten Bächlein abgekuckt, die jetzt durch die Altstadt fließen. Kulturell hat Ravensburg ebenso aufgeholt, ein ganzes Museumsquartier ist entstanden und im Ravensburger Konzerthaus werden sogar Opern aufgeführt.

Bad Waldsee

Bad Waldsee ist eine kleine, aber unglaublich perfekte oberschwäbische Mittelstadt. Schon von der Bahn aus sieht man einen kleinen See, den Stadtsee, aber es gibt sogar einen zweiten, den Schlossparksee. In der Innenstadt eine schöne Barockkirche und der Blick auf eine fast unwirklich schönen Stadtplatz mit Fachwerk und Treppengiebel. Bad Waldsee, die kleine oberschwäbische Perle, die ich immer wieder gerne besuche.

Meersburg

Im Sommer 1996 war ich mit Besuch aus Brüssel in Meersburg und da hat es richtig Klick gemacht, so schön erschien die Stadt, wenn man von der Meersburg zum See runterging. Irgendwie assoziiere ich Meersburg automatisch mit der westfälischen Schriftstellerin Annette von Droste-Hülshoff (1797-1848), die 7 Jahre in der Stadt verbrachte. Im Fürstenhäusle in einem Rebberg ist ein Museum für die Dichterin untergebracht.

Wangen

In Wangen bleibt man hangen, heißt es. Und wenn man durch die putzige Fußgängerzone geht, und am Postplatz steht und links das Frauentor sieht, vorne das Rathaus, rechts die St. Martinskirche und hinten das Martinstor, bleibt man hier wirklich ein bisschen hängen. Dazu kam es auch, weil der Bürgermeister Leist lange sich städtebaulich an der sogenannte Rauchsche Stadtansicht aus dem Jahre 1611 orientierte. Dazu kam eine Aufrüstung mit scheinbar altstadt-typischen Elementen, die es teilweise früher gar nicht so gab, wie eine wachsende Zahl von Zunftschildern und Bronzeskulpturen, die Kleinstädte eben gerne aufstellen. Von Freiburg kopierte man dann auch die kleinen straßenbegleitenden Altstadt-Bächle Ein in Wangen lebender pensionierter Lehrer, hat die Stadt mal als *Idyllistan* bezeichnet. Jüngere Leute beklagten damals die Abwesenheit moderner architektonischer Impulse. Aus der ländlich-katholischen Atmosphäre Wangens sind keine Geistesgrößen entsprungen. Dennoch gibt es ein wichtiges Literaturmuseum in der Stadt. Die heimatvertriebenen Schlesier Willibald Köhler und Karl Fleischer sammelten Erinnerungsstücke an die Schriftsteller ihrer Heimat Joseph Freiherr von Eichendorff (1788-1857) und Gustav Freytag (1816-1895) und eröffneten entsprechende Museen. Seit 1986 sind diese in einem ehemaligen Färberhaus untergebracht. Die Stadt Wangen hat hier einen ganzen Museumskomplex eingerichtet. Über das Heimatmuseum an einer Mühle kommt man in die Literatenmuseen. Als ich diese 2013 besuche habe ich einen Literaturkenner dabei und lerne einiges über die beiden Schriftsteller.

Schwäbisch Hall

Bei Schwäbisch Hall denkt man unvermittelt an die Bausparkasse und den Spruch- *auf diese Steine können Sie bauen.* Steht man am Ufer der Kocher und schaut auf die Altstadt, sieht man, dass einige Fachwerkhäuser so richtig aus der Stadtmauer herauswachsen. Auf deren Steine konnte man also schon im Mittelalter bauen. Ganz oben auf dem Hügel sieht man dann noch ein riesiges Kornhaus.
Als ich beginne, Kunstmuseen zu sammeln, bin ich im Jahr 2016 wieder in der Stadt. Hier gibt es die überregional bekannte Kunsthalle Würth und zusätzlich die von Würth gestiftete Schutzmantelmadonna, die in der Johanniter-kirche ausgestellt wird.

Überlingen

Im Lonely Planet-Reiseführer wurde Überlingen einmal als eine der perfektesten deutschen Kleinstädte bezeichnet. Im Sommer 2019 ging ich den Weg vom Bahnhof die

Stadtmauer und den Nellenbach entlang, sah erst das Münster, dann die Promenade mit den Palmen, den Hafen mit den Schiffen, das wirkte alles einladend südlich und ich dachte, oft gibt es so eine Idylle nicht in Deutschland.

☞Seit 1967 lebt der 1927 in Wasserburg am Bodensee geborene Schriftsteller Martin Walser in Überlingen-Nußdorf in einem Haus direkt am See.

Bad Wimpfen

Eine beeindruckende Silhouette hoch über dem Neckar zeigt die kleine ehemalige Stauferpfalz und spätere Reichstadt Bad Wimpfen. Bad Wimpfen gehörte bis zum Zweiten Weltkrieg zu Hessen, wurde danach de facto in das neu entstandenen Bundesland Baden-Württemberg eingegliedert und bis heute ist sein rechtlicher Status zwischen den beiden Ländern umstritten. Auf Bad Wimpfen stieß ich erst spät. Durch eine Broschüre über die schönen Städte Baden-Württembergs wurde ich erst auf den Ort aufmerksam und dachte dabei, hoppla, das kenn ich ja gar nicht. Mit seiner gut erhaltenen Fachwerkaltstadt, dem beeindruckenden Blauen Turm und dem urigen Bahnhof hat mich Bad Wimpfen gleich beim ersten Besuch im Jahr 2001 begeistert. Später kam ich mehrmals mit hohen Erwartungen wieder, doch dieselbe Begeisterung wie beim ersten Mal stellte sich leider nie wieder ein.

☞Was die wirtschaftsstarke (25 000 Einwohner, 30 000 Arbeitsplätze, die Stadt ist Hauptsitz von Lidl und Audi-Produktionsstätte) Nachbarsstadt **Neckarsulm** betrifft ging ich lange davon aus, dass der Name auf ein Ulm des Neckars hinweist und sprach ihn entsprechend aus. Bis ich feststellte, dass es hier zwei Flüsse gibt, den Neckar und die Sulm. Im November 2019 besuchte ich hier das interessante deutsche Zweiradmuseum im Deutschordensschloss (mit Autos und Motorrädern der Marke NSU, klingt heute nicht mehr so gut) und fand eine gemütliche Kleinstadt vor.

Meßkirch

Meßkirch liegt in Oberschwaben, hat aber historisch zum Land Baden gehört, welches Württemberg fast halbmondförmig umschloss. Erstaunlich viele Geistesgrößen kommen aus Meßkirch oder seiner unmittelbaren Umgebung, darunter der Philosoph und Prediger Abraham a Sancta Clara, der Hofmaler Johann Baptist Seele und der Komponist Conradin Kreutzer. Die Stadt wird deshalb badischer Geniewinkel genannt. Im Herbst 2013 komme ich wegen Martin Heidegger (1889-1976), der ebenfalls hier geboren wurde. Das Geburtshaus steht noch und im Schloss von Meßkirch kann man ein Heidegger-Museum besichtigen. Danach besuche ich das Grab des Philosophen auf dem Meßkircher Friedhof und lege ein paar Kastanien auf seinen Grabstein.

Pfullendorf

Pfullendorf hat keinen Bahnanschluss (außer für den Güterverkehr, hier sitzt der Möbelhersteller Alno, der in den letzten Jahren ein Insolvenzverfahren durchlief, das Gespräch der Stadt), auch deshalb war ich dort erst einmal. Die Stadt empfand ich bei meinem Besuch als weit schöner als erwartet, eine oberschwäbische Barockperle. Überraschend trifft man in der Fußgängerzone auf eine Friedrich II-Bronzestatue (vom örtlichen Kunstschmied Peter Klink gestaltet). Pfullendorf bekam 1220 (also vor genau 800 Jahren) vom Kaiser die Stadtrechte und seither ist man ihm hier verpflichtet.

Heilbronn

Heilbronn, auch als *Heilbronx* verballhornt, ist sicher nicht die schönste deutsche kleinere Großstadt. Im Krieg stark

zerstört, nachher architektonisch sehr uninspiriert wiederaufgebaut. Ein Bekannter von mir, der bereits viele Städte
gesehen hat und 2018 dort war meinte, die Stadt wäre
enttäuschend, da müsste er nicht nochmal hin.
Heilbronn war einst eine wichtige Hafenstadt und bereits
relativ früh industrialisiert. In den 1830er Jahren wurde
Heilbronn auch *schwäbisches Liverpool* genannt, keine
Stadt in Württemberg hatte mehr Fabriken. Heute hat
Heilbronn eine relativ hohe Dichte von Hidden Champions,
Firmen des produzierenden Gewerbes und Weltmarktführer
in bestimmten Nischen. Auch wohnt in Heilbronn der
Milliardär Dieter Schwarz, Eigentümer von Lidl und
Sponsor verschiedener Einrichtungen der Stadt.
Im November 2019 komme ich abends in Heilbronn an und
bin beeindruckt von der nächtlichen Neckarpromenade und
dem Blick auf das Science Center. Man versucht in
Heilbronn sich mit spektakulärer Architektur nach vorne zu
arbeiten. Dazu hat auch die die BUGA 2019 mit neuen
Parks und Wohnvierteln am Neckar beigetragen. Leider
komme ich nicht dazu, das neu entstandene Stadtviertel zu
besuchen und der Rest der Stadt ergibt wie immer ein
ernüchterndes Bild. Eines der wenigen Highlights: die
Kilianskirche, mit dem ersten Renaissanceturm nördlich der
Alpen. Der Hauptbahnhof Heilbronns wirkt solide und fast
50er Jahre-bieder. Als ich im Juni 2016 eine Beuys-
Ausstellung in der Kunsthalle Vogelmann besuche, weiß
ich noch nicht, dass Beuys mit der Stadt auf spezielle Weise
verbunden ist. Nach dem Krieg als in die Heimat zurück-
reisender Soldat wurde hier sein Pass konfisziert. Er legte
den Stromschalter um, schlug den Beamten nieder und
sicherte sich im Chaos einen Pass. Aus seiner Sicht war das
sein erstes Happening als Künstler. Immerhin peppt den
Vorplatz ein neues Straßenbahnsystem auf. Heilbronn hat
von der Expansion des Karlsruher Systems weit nach Osten
profitiert.

Reutlingen

Reutlingen, früher *Stadt der Millionäre* genannt, gefiel mir beim ersten Besuch nicht besonders gut, Die Altstadt ist nicht so kohärent, eine Mischung aus Fachwerkhäusern und wenig inspirierenden modernen Gebäuden. Beim zweiten Besuch im Jahr 2010 fand ich die Stadt schon besser, denn ich durchschritt die Spreuerhofstraße, die laut Guinness Buch der Rekorde schmalste Straße der Welt (stellenweise nur 31 cm breit). In dieser Straße blieb ich solange hängen, dass ich meinen Zug verpasste.

Esslingen

Esslingen ist eine Stadt mit Weinbergen und schöner Altstadt, Bächen und einem alten Rathaus mit Renaissance-fassade. Jedoch liegt sie quasi in der Achselhöhle Stuttgarts, ist Pendlerstadt und hat deshalb nur wenig räumliche Aus-strahlung und Hinterland und begeistert mich nur mäßig.

Marbach

Marbach am Neckar ist eine Stadt, die mich beim ersten Besuch gleich beeindruckt hat. Ich wollte das Schillerhaus sehen und die Altstadt schien so solide, aufgeräumt und gut saniert zu sein. Später kam ich nochmal, um das architektonisch interessante Literaturarchiv (David Chipperfield Architects) zu sehen.

Biberach an der Riß

Biberach ist eine unglaublich wirtschaftsstarke Stadt. Große Gewerbegebiete umgeben die sehr gut sanierte und aufgeräumte Altstadt. Man fühlt sich irgendwie in der Schweiz. Aber irgendwie ist Biberach auch ein bisschen steril. Es fehlt der Charme der Bodenseestädte. Trotzdem bin ich in letzter Zeit nochmal hingefahren, um das Braith-Mali Museum mit dem Künstlerstudio zu besuchen.

Isny

In Isny bin ich geboren. Eine sehr kleine Stadt, die aber Ecken und Blickachsen hat, wo sie größer und bedeutender wirkt. Zum Beispiel der Bereich Wassertorturm, St. Georg und Schloss, in welchem sich eine Kunsthalle befindet mit Werken des Isnyer Malers Friedrich Hechelmann (*1948). Wow, denkt man da kurz, das ist doch sehenswert. Und hinter der Stadt breitete sich eindrucksvoll der Höhenzug Adelegg aus. Im Ortsteil Großholzleute die auffällige historische Gastwirtschaft Adler. Hier traf sich vom 31. Oktober bis 2. November 1958 die Gruppe 47. Günter Grass las dabei aus der Blechtrommel vor und der Initiator der Gruppe, Hans Werner Richter (1908-1993), berichtete, wie begeistert alle waren, von dem, was sie hörten. Der Durchbruch von Grass als Schriftsteller fand also in Isny statt.

Friedrichshafen

Friedrichshafen wurde erst 1811 gegründet, ist von Industrie geprägt und wurde im Krieg stark zerstört. In anderen Gegenden wäre in so einem Fall nicht viel zu erwarten, aber Friedrichshafen liegt immerhin in zentraler Lage am nördlichen Bodenseeufer mit bei klarem Wetter beeindruckendem Blick auf See und Alpen. Außerdem gibt es hier eine Promenade, einen belebten Passagierhafen und das Zeppelinmuseum im ehemaligen Hafenbahnhof.

Tettnang

Tettnang ist ein hübsches kleines Städtchen nicht weit vom Bodensee. Am Stadtschloss die Wappen verschiedener Gebiete, zu denen Tettnang, wie andere Orte in der Gegend, im Laufe der Zeit gehörte: Montfort (1182-1780), Österreich (1780-1805), Bayern (1805-1810), Württemberg (1810-1952), Baden-Württemberg (1952)

Besuchte Städte RB Stuttgart und Tübingen: 97

<u>Top Städte (Deutschland Top 100+20)</u>
Stuttgart, Ulm, Tübingen

<u>Quermania-Städte:</u> Kirchberg/Jagst, Meersburg, Herrenberg, Wangen, Schwäbisch Hall, Wertheim, Tübingen, Stuttgart, Ravensburg, Ulm, Überlingen, Esslingen, Biberach/Riß, Vellberg, Ellwangen, Schwäbisch Gmünd, Weilheim. Villingen-Schwenningen, Reutlingen, Heilbronn, Schorndorf, Balingen, Calw, Markgröningen, Rottweil, Marbach, Weikersheim, Pfullendorf, Bad Urach, Weil der Stadt, Riedlingen, Bad Waldsee, Blaubeuren, Backnang, Ehingen, Möckmühl, Sigmaringen, Isny, Scheer, Bad Wurzach.

<u>Andere besuchte Orte</u>
<u>Regierungsbezirk Stuttgart</u>
Aalen, Asperg, Bad Friedrichshall, Bad Mergentheim, Balingen, Besigheim. Bietigheim-Biss., Böblingen, Bopfingen, Crailsheim, Ditzingen, Eppingen, Fellbach, Filderstadt, Freudenberg, Geislingen, Giengen a d. Brenz, Göppingen, Heidenheim, Heilbronn, Kornwestheim, Lauda, Lauffen am Neckar, Leonberg, Ludwigsburg, Neckarsulm, Nürtingen, Plochingen Schorndorf, Sindelfingen Tauberbischofsheim Vaihingen, Waiblingen, Weil der Stadt

<u>Regierungsbezirk Tübingen</u>
Albstadt, Aulendorf, Bad Buchau, Bad Saulgau, Bad Schussenried, Ehingen, Friedrichshafen. Herbertingen, (Kißlegg), Langenau, Laupheim, Leutkirch, Markdorf, Mengen, Meßkirch, Metzingen, Ochsenhausen, Pfullingen, Reutlingen, Riedlingen, Rottenburg, Schelklingen, Tettnang, Weingarten, (Wolfegg).

Die 10 Städte, welche mich am meisten beeindruckten

Freiburg

Freiburg gehört wegen seiner südlichen Lage, nahe zur Schweiz und zu Frankreich, der schönen Landschaft und der sehenswerten und gemütlichen Altstadt zu den beliebtesten deutschen Städten. Die vielen Studenten bringen zudem Leben und Ideen in die Stadt und Freiburg gilt als Öko-Hauptstadt Deutschlands. In Freiburg war ich schon mehr als ein Dutzend Mal, doch oft stellte sich die Begeisterung nicht gleich ein. Denn der Bahnhof ist modern und eher atmosphärelos und die Bahnhofstraße macht auch nicht besonders viel her. Man sieht der Stadt auch an vielen Stellen die starken Kriegszerstörungen an. In der Altstadt dann allerdings viele kleine belebte Sträßchen, durch die kleine Bächlein fließen. Das Münster und sein Platz sind auch sehr beeindruckend. Hinter dem Münster geht es steil die Schwarzwaldhänge hoch und oben kann man in einem Biergarten wunderbar auf die Stadt herabsehen. Freiburg ist auf jeden Fall eine attraktivsten Städte Deutschlands, was auch an den Immobilienpreisen abzulesen ist.

Heidelberg

Auch in Heidelberg ist der Einstieg in die Stadt nicht so großartig, vor allem, wenn man mit dem Zug am Hauptbahnhof ankommt. Die Altstadt ist weit weg und verzichtet man auf die Straßenbahn, ist es ein sehr weiter Fußmarsch. Die Altstadt ist dann aber beeindruckend. Man geht durch die längste Fußgängerzone Deutschlands bis man den Marktplatz erreicht hat. Von dort zur alten Brücke und dann hat man ein Bilderbuchpanorama der Stadt. Noch besser wird es, wenn man auf der nördlichen Neckarseite die Hänge zum Philosophenweg hoch geht. Von dort ein herrlicher Blick auf die Altstadt und wie sie in die Höhenzüge des Königsstuhls eingebettet ist. Als ich mit einer brasilianischen Freundin einmal hier war, war sie gleich begeistert und nutzte lange ein Heidelberg-Bild auf Facebook. Im April 2018 bin ich in Heidelberg, um eine Opernaufführung zu sehen. Ich habe noch ein bisschen Zeit, die meisten Geschäfte schließen aber schon. Da fällt mir ein, dass der Grafiker Klaus Staeck (*1938) sein Büro in der Altstadt hat. Ich gehe hin und tatsächlich sitzt Staeck hinter einem Schreibtisch in einem mit Büchern, Kunstwerken und Postkarten vollgestopften Raum. Er ist gleich bereit, ein paar seiner Postkarten zu signieren, die ich später an Freunde verschicke. Doch viele der Jüngeren kennen diesen wichtigen Plakatkünstler gar nicht mehr.

Konstanz

Konstanz ist, was die Innenstadt betrifft, weniger auf den See ausgerichtet als andere Bodenseestädte. Dafür hat man eine in sich ruhende riesige Altstadt, die in ihrer Perfektion an Schweizer Städte erinnert. Tatsächlich wimmelt es an Samstagnachmittagen in der Stadt von Schweizer Einkaufstouristen, da die Lebensmittelpreise deutlich niedriger sind als in der Eidgenossenschaft.

Karlsruhe

Karlsruhe hat den Ruf einer eher langweiligen Beamtenstadt und in der Tat muss man sich die Qualitäten der Stadt erst erarbeiten. Eine Bekannte, welche dort wohnt, nannte sie mal fade, jedoch mit guter Lebensqualität. Unter Verkehrsplanern ist die Stadt wegen des Karlsruher Modelles bekannt, Straßenbahnen, die auf Fernbahnschienen fahren. Im Oktober 1992 war ich auf einer Konferenz zum Rheinkorridor in Mannheim. Der ehemalige ZEIT-Journalist Rudolf Walther Leonhardt (1921-2003) sprach dort ebenfalls und als ich mit ihm ins Gespräch kam, erwähnte ich Karlsruhe und das dortige Modell. Er hatte noch nie davon gehört und meinte, das geht doch gar nicht, Straßenbahnen auf Eisenbahngleisen, die passten doch da gar nicht drauf. Die Spurweite (1435 mm) war in Karlsruhe jedoch dieselbe. Ich fand es bedauerlich, dass Metropolenjournalisten so wenig von kleineren deutschen Großstädten, aus ihrer Sicht der Provinz, wussten. Das Modell hat hier so gut funktioniert, dass die Karlsruher Stadtbahn immer weiter ins Umland vorgedrungen ist, ja sogar bis Heilbronn und Baden-Baden. Der Schienenverkehr in der Innenstadt nahm deshalb so zu, dass man sich gezwungen sah, die Bahn in der zentralen Einkaufsstraße, der Kaiserstraße, unter die Erde zu legen. Diese so genannte Kombilösung (inkl. Kriegsstraße) ist das große Projekt in Karlsruhe seit vielen Jahren. Mittlerweile ist ein Licht am Ende des Tunnels abzusehen, der zentrale Tunnel soll 2021 eingeweiht werden.

Baden-Baden

In Baden-Baden war ich noch gar nicht so oft. Für mich als Bahnfahrer ist es ein echter Nachteil, dass die Innenstadt so weit vom Bahnhof entfernt liegt. Andererseits ist der alte Stadtbahnhof zum Festspielhaus umgebaut worden, der ehemalige Fahrkartenverkaufsraum ist jetzt der Kassenraum des Hauses. Baden-Baden hat mit dem Festspielhaus den größten Opernsaal Deutschlands. Ein weiterer Grund nach Baden-Baden zu fahren sind für mich die Kunstmuseen, vor allem das Burda-Museum. Und schließlich gibt es noch einen dritten Grund: die Bergbahn. An den baummäßig zerzausten Höhenzügen sieht man allerdings, dass der Sturm Lothar 1999 Lücken in die Wälder geschlagen hat.

Mannheim

Mannheim where the streets have no names, meinte mal ein Kollege, der dort arbeitet, als ich Schwierigkeiten hatte, seine Adresse zu finden. Und tatsächlich, in dieser absolutistischen Planstadt haben die Straßenblöcke Nummern. Zusammen mit den Kriegszerstörungen und der Wiederaufbauarchitektur führt diese Blockstruktur zu einem eher atmosphärearmen Stadtbild. Vom passablen und relativ zentral gelegenen Bahnhof ist man schnell in der Innenstadt, aber dort erwarten einen einfach keine richtigen Highlights. In Mannheim weint man eben zweimal, sagen die Studenten. Einmal, wenn man dort ankommt und einmal, wenn man wieder abreisen muss, nachdem man die Qualitäten der Stadt wie Kompaktheit, zentrale Lage und Bezahlbarkeit erstmal geschätzt hat. Einmal muss ich einen Vortrag in Mannheim zum Thema Innovation halten und ich erwähne, dass in der Stadt das Fahrrad (Drais), das Auto (Benz) und der Traktor (Lanz) erfunden wurden. Auch das Spaghetti-Eis wurde ein Mannheim entwickelt, von einem italienischen Eiscafébesitzer und mithilfe einer Spätzlespresse. Leider war dem Erfinder ein Patent zu teuer, so dass die Erfindung ungeschützt blieb.

Weinheim

Weinheim war eine der ersten badischen Städte, welche mich geflasht hat. Ich kam hier einmal an einem Sommertag an und ging vom Bahnhof den Hügel in die Altstadt hinauf. Der zentrale Altstadtplatz schien so idyllisch und in grüne Höhenzüge eingebettet, dass ich ganz angetan war. 2019 war ich wieder dort und fand die Stadt angenehm, aber nicht so herausragend, wie ich sie in Erinnerung hatte.

Waldshut-Tiengen

Waldshut liegt sehr nahe an der Schweizer Grenze. Die Stadt wirkt schon irgendwie schweizerisch puppenstubenartig perfekt. Auch sind Eidgenossen oft zum Einkaufen hier, Lebensmittel sind hier erheblich günstiger als südlich des Rheins. Einmal besuche ich den hübschen Teilort

Waldshut, Jahre später den ebenfalls sehenswerten Ort Tiengen.

Rottweil

Rottweil ist die älteste Stadt Baden-Württembergs und bekannt für den Fasnachtshöhepunkt Narrensprung. Wenn man vom Bahnhof den weiten Weg in die perfekte, schweizerisch anmutende Altstadt geht, sieht man eine neue Sehenswürdigkeit am Horizont: den 246 Meter hohen Aufzugstestturm. Man wundert sich, dass ein solcher Eingriff in die Stadtsilhouette überhaupt genehmigt wurde. Aber Baden-Württemberg ist forschungsorientiert und Rottweil liegt in einem ökonomisch toten Winkel, litt an Abwanderung und erhofft sich wirtschaftliche Impulse durch den Turm, wie eine steigende Besucherzahl.

Horb

Die Horber Altstadt liegt hoch auf dem Berg, weit über dem Neckar und dem Schienenstrang. In den späten 1980er und frühen 1990er Jahren war ich hier zweimal, um die *Horber Schienentage* zu besuchen. Als ich das einem Kollegen erzähle stutzt er. Er hatte *Auberginentage* verstanden.

Weitere Orte:
Das besondere an **Villingen-Schwenningen** ist, dass die Teilstadt Villingen im einstigen Land Baden liegt, Schwenningen jedoch in Württemberg. Bisher war ich erst in Villingen, einstmals eine Reichsstadt und noch heute mit sehenswertem mittelalterlichem Stadtbild mit Stadttoren. Nicht weit von hier liegt **Donaueschingen,** wo wie man sagt, die hier zusammenfließenden Flüsse *Brigach und Breg die Donau zuweg bringen*. In Donaueschingen gibt es noch die skulptural eingefasste symbolische Donauquelle (Donaubachquelle), die ich beim letzten Mal fotografiere, um Freunde im Donauland Rumänien zu beeindrucken.

Fährt man mit der Schwarzwaldbahn weiter Richtung Singen siegt man vom Zug das pittoreske Stadtbild von **Engen**, eine der schönsten Kleinstädte der Region.

Besuchte Städte RB Karlsruhe und Freiburg: 72 (+3)

Top Städte (Deutschland Top 100+20)
Freiburg, Heidelberg, Karlsruhe, Konstanz

Quermania-Städte: Bad Säckingen, Freiburg, Konstanz, Rastatt, Heidelberg, Karlsruhe, Horb, Baden-Baden, Gengenbach, Laufenburg, Engen, Mannheim, Weinheim, Villingen-Schwenningen, Mosbach, Calw, Rottweil, Ettlingen, Waldshut-Tiengen, Breisach am Rhein, Bretten, Offenburg, Ettenheim, (St. Blasien), Schiltach, Gernsbach, (Bad Wildbad), Radolfzell.

Andere besuchte Orte

Regierungsbezirk Freiburg
Achern, Bad Krozingen, (Deißlingen), Donaueschingen, Emmendingen, Hausach, Herbolzheim, Hornberg, Hüfingen, Kandern, Kehl, Kenzingen, Lahr, Lörrach, (Merzhausen), Müllheim, Rheinfelden, (Riegel am Kaiserstuhl), St. Georgen, Schopfheim, (Schluchsee), Singen, Stockach, Stühlingen, Tengen, Titisee-Neustadt, Todtnau, Triberg, Tuttlingen, Villingen-Schwenningen, Weil am Rhein, Waldkirch, Wolfach, Zell/Wiesental

Regierungsbezirk Karlsruhe
Bad Herrenalb, Bruchsal, Buchen i. O., Bühl Eberbach, Freudenstadt, Gaggenau, Graben-Neudorf Knittlingen, Ladenburg, Neckargemünd, Pforzheim, Rastatt, (Remchingen), Rheinstetten, Schwetzingen, Stutensee, Walldürn, Weinheim.

13.Bayern

Bayern ist das Bundesland mit der größten Zahl an sehenswerten Städten. Das liegt an der Größe und Vielfalt des Bundeslandes und an der Tatsache, dass sich in Teilen des Landes (Ostbayern) die Kriegszerstörungen in Grenzen hielten. Die Innenstädte größerer Städte wurden zudem in historischen Grund- und Aufrissen wiederaufgebaut. Vor allem in Westbayern gibt es zudem viele ehemalige Freie Reichstädte.

Ein Besuch bayerischer Städte lohnt sich auch aufgrund der Vielzahl von Schlössern und Burgen, Kunstmuseen und Theatern. Allein in Oberfranken gibt es vier Opernhäuser.

Acht Jahre habe ich in München gelebt (und wenige Monate in Freising), und die Stadt danach auch schon mehr als 20x besucht. Weil ich aus dem Allgäu komme, war ich schon häufig (> 50x) in Lindau und Kempten. Ansonsten war ich bereits mehr als 25x in Nürnberg, Augsburg und Würzburg und mehr als 10x in Memmingen, Lindenberg und Neu-Ulm, 5x und öfters in Ansbach, Bamberg, Coburg, Hof, Passau, Regensburg, Ingolstadt und 3x und öfters in Aschaffenburg, Schweinfurt, Landshut, Rosenheim, Nördlingen und Weilheim.

Zu den Städten, welche mich am meisten beeindruckten, gehören München und Nürnberg, Regensburg, und überraschenderweise Fürth, in Teilgebieten auch Würzburg und Bamberg. Kleinere Städte, welche mich flashten, sind Lindau (meine Lieblings-Kleinstadt in Deutschland), Füssen, Wasserburg am Inn, Ansbach, Rothenburg ob der Tauber, Neuburg an der Donau, Amberg und Passau, sowie Garmisch-Partenkirchen (funktional eine Stadt jedoch ohne Stadtstatus).

Nürnberg

Nürnberg wurde einst *Schatzkästlein des Deutschen Reiches* genannt. Im Zweiten Weltkrieg wurde die Innenstadt so stark zerstört, dass es Pläne gab, die Stadt an anderer Stelle wiederaufzubauen. Doch der Wiederaufbau erfolgte anhand der alten Grundrisse, und teilweise mit traditionellem Sandstein. Auch wurden die wichtigsten historischen Gebäude und manches Fachwerkhaus wiederaufgebaut. Auch das Dürerhaus unweit der Burg. Aber man leidet fast mit der Stadt, dass in Nürnberg kein einziges Bild Albrecht Dürers (1471-1528) hängt. Immerhin kann man Dürers Grab auf dem Johannisfriedhof in Nürnberg besuchen und als ich das im Dezember 2019 mache, stoße ich wenige m entfernt auch noch auf das Grab des Malers Anselm Feuerbach. Der Bildhauer und -schnitzer Veit Stoß ist hier ebenfalls begraben, aber für sein Grab hatte ich keine Zeit mehr, mein Zug ging bald und ich musste zum Bahnhof sprinten. Dabei läuft man an der Stadtmauer entlang, sieht rechterhand das Opernhaus und schließlich das Muschel-kalkmastodon Hauptbahnhof.

Würzburg

Würzburg war eine der ersten größeren deutschen Städte, welche ich zu Schulzeiten besucht habe. Ende der siebziger Jahre waren wir hier mit der Klasse in einem so genannten Schullandheim. Als Allgäuer empfand man die Stadt als exotisch, denn hier gab es Weinberge, einen großen Fluss und McDonalds. Was mich damals sehr beeindruckt hat, war die Veste Marienberg mit dem Blick über die Stadt und das Käppele, eine Barockkapelle in den Hügeln. Später las ich, dass Würzburg zu den im Krieg am stärksten zerstörten deutschen Städten gehört. Dass sie dafür überhaupt auf die

Landkarte kam, hat sie u.a. Eingemeindungen in den 1930er Jahren zu verdanken die sie über die 100 000 Einwohner-Schwelle hievten. Die Leitbauten der Altstadt sind wieder-aufgebaut worden. Vom 1950er Jahre-Bahnhof behauptete die Bild-Zeitung einst, er wäre der hässlichste Deutsch-lands. Zeitweise gab es Pläne, ihn abzureißen und ein Einkaufszentrum mit Gleisanschluss zu bauen. Doch mit relativ geringen Mitteln konnte man die 1950er Jahre Eleganz des Bahnhofs in den letzten Jahren auffrischen.

Bamberg

Bamberg wird wegen seiner vielen Kirchen auch *fränk-isches Rom* genannt. Die riesige Altstadt, das pittoreske Rathaus, die Lage an zwei Regnitzarmen und auf sieben Hügeln begeistern viele Besucher. Zudem hat Oberfranken, auch *Bierfranken* genannt, die höchste Brauereidichte der Welt und besonders viele Brauereien gibt es um Bamberg herum. Entsprechend hoch ist auch die Kneipendichte der Stadt. Ich war bisher erst viermal in Bamberg und lange begeisterte mich die Stadt nicht richtig. Die Altstadt liegt einfach ein bisschen weit vom Bahnhof entfernt und man muss eher mittelmäßige Gebiete durchqueren, bevor man dort ankommt. Bei meinem letzten Besuch stimmte jedoch alles, das Wetter war herrlich, ich sah den Dom und den Bamberger Reiter, das Rathaus zeigte sich von seiner besten Seite und ich war zufrieden.

Rothenburg

In Rothenburg war ich erst zweimal. Beim ersten Mal Ende der 1980er Jahre fielen mir die und Spendentafeln an der Stadtmauer auf, besonders auch die vielen japanischen und amerikanischen Spender. Beim zweiten Mal im Winter 2015 war ich von den Lichteffekten der Stadt positiv überrascht. Nur wenige Gebäude waren beleuchtet und kamen deshalb besonders zur Geltung. Die ganze Stadt wirkte irgendwie geheimnisvoll und ursprünglich. Und natürlich ließ ich mir den tausendfach fotografierten Plönleinblick nicht entgehen.

Dinkelsbühl

Im nur per Bus erreichbaren Dinkelsbühl war ich erst zweimal. In den letzten Jahren war meine Neugier auf die Stadt immer größer geworden, denn viele Taxifahrer, die ich in Bayern fragte, was denn die schönste Stadt sei, die sie jemals gesehen hatten, antworteten mit Dinkelsbühl. Im Dezember 2019 kam ich hier erst spät an. Die Stadt war bei Ankunft schon dunkel, aber atmosphärisch beleuchtet. Am nächsten Tag fielen mir die bunten Fassaden, die Stadtmauer und ihr entlang die vielen kleinen Gewässer auf. Dinkelsbühl eine perfekt erhaltene mittelalterliche Kleinstadt ohne Bausünden. Jedoch einen Tick weniger spektakulär als Rothenburg, aber auch weniger von Touristen überlaufen. Dinkelsbühl liegt direkt auf der schwäbisch-fränkischen Dialektgrenze. Man sagt deshalb auch *in Dinkelsbühl kann man unterm Tor eine Kuh mit dem Schweif aus Schwabenland ins Frankenland schleudern.*

Fürth

Fürth ist eine Art Geheimtipp. Ein aus Franken kommender Kommilitone hatte immer gemeint, in der Stadt gäbe es so viele gut erhaltene alte Straßenzüge. In der Ausgabe *Deutschland Österreich Schweiz* von *1000 Places to See Before You Die* wird Fürth, anders als etliche bekanntere Städte, ebenfalls als sehenswert aufgeführt. Im Sommer 2019 beschließe ich, mir das nochmal genauer anzuschauen. Denn bisher sah ich Fürth so wie die Rivalen in der Nachbartstadt: das Beste an Fürth ist die U-Bahn nach Nürnberg. Diese verläuft teilweise auf der Trasse der ersten deutschen Eisenbahnlinie, die Nürnberg ab 1835 mit Fürth verband. Erst lief ich nach Osten zur Willi-Brandt-Anlage, und dann zum Stadtpark, fand aber an beiden Stellen nichts Besonderes. Die Pegnitz entlang wieder Richtung Nordwesten. Und als ich Richtung Innenstadt bog, steht plötzlich dieses historische Theater des Büros Fellner&Helmer vor mir. Von dort weiter Richtung Norden und man kommt durch beschauliche Straßen und Plätze und sieht abwechslungsreiche Fassaden, mit verschiedenen Kombinationen von Sandstein, Schiefer und Fachwerk. Hier ist Fürth wie eine Stadt sein soll: an jeder Ecke kleine Überraschungen. Auch ein Klein-Jerusalem gab es hier Mal. Geht man die Fußgängerzone Schwabacher Straße Richtung Süden, wird das Bild wieder einheitlicher. Hier stößt man auf ein Museum für den aus Fürth stammenden Bundeskanzler Ludwig Erhard (1897-1977). Zumindest hat man hier das Gefühl ein Beispiel zu sehen, wie größere deutsche Städte wohl vor dem Krieg ausgesehen haben. Nürnberger spotten zwar, *lieber Fünfter als Fürther*, aber was die Geschlossenheit historischer Architektur betrifft, hat eindeutig Fürth die Nase vorn.

Aschaffenburg

In den 1980er Jahren gab es den running gag der Titanic Redaktion, dass Aschebäsch, also Aschaffenburg ja so toll sein soll, aber der IC hielte dort halt einfach nicht. Später gab es einen IC- (und sogar vereinzelt ICE-) Halt und nun gab es keine Ausrede mehr. Der Schriftsteller Max Goldt beklagte einmal, dass manche Kollegen bei Lesungen an Provinzstädten litten, er jedoch auch in solchen Orten Sehenswertes finden könnte. Als Beispiel nannte er die Sammlung von Korkmodellen antiker Bauten im Schloss Johannisburg in Aschaffenburg. Als ich einem französischen Kollegen, der einmal in Aschaffenburg gewohnt hatte sagte, dass Aschaffenburg einst auch *bayerisches Nizza* genannt wurde, meinte er, das wäre gar nicht ganz abwegig, denn es gäbe ja das Schloss, die

Mainpromenade und das Pompejanum. Aus Aschaffenburg kommt der Kabarettist Urban Priol. Wenn der in seinem Dialekt redet, glauben die Südbayern einen waschechten Hessen vor sich zu haben und sind dann ganz verblüfft, wenn er sagt, er sei aus Bayern. Tiefer in Bayern werden die Bewohner der Stadt (oder auch die Hessen) auch scherzhaft Aschenbecher genannt Mit dem bedeutenden Maler Christian Schad ist wiederum ein Südbayer fast ein Aschaffenburger geworden. Er hat länger in der Stadt gelebt, die Stadt verfügt über eine große Sammlung seiner Bilder und im Juni 2019 sollte ein Christian-Schad-Museum in Aschaffenburg eröffnen, welches ich unbedingt besuchen wollte. Doch es gab Probleme mit der Klimaanlage und bis heute wurde das Museum nicht eröffnet.

Coburg

Bei Coburg bin ich mir nie sicher, ob es zu den Top Städten zu rechnen ist. Die Altstadt ist schön, aber nicht ganz so atmosphärisch wie in kleineren fränkischen Städten. Eigentlich ist Coburg ja auch keine fränkische Stadt. Geschichtlich gehörte es zum Fürstentum Sachsen-Coburg und kam erst 1920 zu Bayern. Deshalb gibt es hier auch ein Schloss und ein relativ großes Opernhaus und weil Sachsen-Coburg viele Königshäuser in Europa bestückte, wurde Coburg einst auch heimliche Hauptstadt Europas genannt. Bahnmäßig ist Coburg durch die Schnellfahrstrecke Berlin-München seit Dezember 2017 viel besser angebunden.

Bayreuth

Zwei Dinge fragte ich mich immer in Bezug auf Bayreuth. Ob es jemals mit Beirut verwechselt wird und wie Wagner eigentlich auf die Stadt kam. Für beides gibt es Antworten aus der Opernwelt. Einmal soll ein Teil eines mechanischen Drachens, den sie in England für Bayreuth bestellt hatten, versehentlich nach Beirut (Französisch Beyrouth) geliefert worden sein. Und Richard Wagner kam deshalb auf Bayreuth, weil er vom dortigen Opernhaus in einem Lexikon gelesen hatte. Er dachte, die beschauliche Stadt wäre für seine Werke ein ruhigerer Platz als München. Das vorhandene Barockopernhaus entsprach jedoch nicht seinen Vorstellungen. So ließ er ein neues nach seinen Wünschen erbauen, das heutige Festspielhaus. Bayreuth hat deshalb heute sogar zwei Opernhäuser, das markgräfliche wurde bis 2018 aufwändig saniert und findet sich auf der UNESCO-Welterbeliste. Beide Häuser zählen jedoch nicht als Opernhäuser im engeren Sinne, da sie über kein eigenes Ensemble verfügen. Ansonsten gibt es in der Stadt noch ein Schloss und eine mäßig atmosphärische Altstadt. Bayreuth eine interessante Stadt, die andererseits nicht die durchgehende Stimmigkeit kleinerer Touristenstädte hat.

Ansbach

Eine überraschend sehenswerte Stadt ist Ansbach, die Hauptstadt von Mittelfranken. Kommt man vom Bahnhof, stößt man schnell auf den Hofgarten mit der Orangerie und ein paar Schritte weiter schon auf die beeindruckende ehemalige Residenz der Markgrafen zu Brandenburg-Ansbach. In der Innenstadt überraschend ein Kaspar-Hauser Denkmal. Kaspar Hauser lebte seit 1830 in der Stadt und wurde im Jahre 1833 im Hofgarten ermordet, worauf heute ein Gedenkstein hinweist. Hauser ist in Ansbach begraben. Auf dem Grabstein (auf Lateinisch) ist zu lesen `hier ruht *Kaspar Hauser, ein Rätsel seiner Zeit, unbekannt die Geburt, geheimnisvoll die Umstände seines Todes'*.
☞Von Ansbach reiste ich bei meinem vorletzten Besuch nach Wolframs-Eschenbach, eine kleine sehenswerte Fachwerkstadt und einer der seltenen Fälle, wo eine Stadt umbenannt wurde, um an einen Dichter zu erinnern. Bis 1917 hieß der Ort Obereschenbach. Wolfram von Eschenbach (1160-1220), ein bedeutender Dichter und

Minnesänger des Mittelalters, wurde hier geboren. Parzival ist mit 25000 Versen sein bedeutendstes Werk. 1860 wurde in der Kleinstadt ein Denkmal für den Dichter aufgestellt.

<u>Weitere Städte</u>

Schweinfurt wird auch Kugellagerstadt genannt (Fichtel& Sachs als einst führendes Unternehmen), eine Industriestadt mit relativ großer, im Krieg mäßig zerstörter Altstadt. Anfang 2015 besuchte ich hier die Kunsthalle, Veranstaltungsort der Triennale Schweinfurt (Thema `Gott und die Welt´) und die Spitzweg-Sammlung des Georg-Schäfer-Museums. Was mir bei diesem Besuch auffiel war ein riesiges Denkmal am Marktplatz für eine Person, die ich bis dahin nicht kannte: Friedrich Rückert, in Schweinfurt geborener Dichter, Orientalist und Übersetzer. Später hatte ich eine Kollegin, die weitläufig mit ihm verwandt war und einmal schickte ich ihr dann ein Rückertgedicht.

Friedrich Rückert reimte übrigens zu Schweinfurts Namen:

Kann man eine Stadt erbauen,
um den Namen dann ihr zu geben
den mit Grauen man nur nennen kann?
Hättest Mainfurt, hättest Weinfurt, weil du führest Wein,
heißen können; aber Schweinfurt, Schweinfurt soll es sein!

Hof war einst eine wichtige Textilstadt, *bayerisches Manchester* genannt. Mit der Teilung Europas kam es in eine Randlage und wurde Teil eines strukturell schwächelnden Raumes. Als ich in München studierte, war Hof für mich eine Stadt in *Bayerisch Sibirien*, auch klimamäßig, kurz vor der Zonengrenze gelegen. Als die Grenze dann aufging, kam ich mehrmals nach Hof, zumindest bis zum riesigen Bahnhof mit seiner repräsentativen Bahnhofshalle.

Die Stadt lag nun zentraler. Statt *In Bayern ganz oben* sagten nun manche scherzhaft *In Sachsen ganz unten*.

Weil die Zonenrandförderung wegfiel aber nun jenseits der Grenze Fördermittel flossen meinten manchen aus der Region, das sächsische Plauen würde jetzt immer mehr als Einkaufsstandort an Hof vorbeiziehen. So eindeutig war dies aus meiner Sicht jedoch nicht zu erkennen. Später fing ich dann an, Kinos zu sammeln und da musste ich natürlich auch zu den Filmfestspielen nach Hof. 1967 vom Hofer Heinz Badewitz initiiert starb dieser im März 2016 bei der Vorbereitung für das 50. Jubiläumsfestival. Im Herbst 2017 schaffte ich es endlich in die Stadt und hier im Norden Bayerns auf 500 Meter Höhe herrschten Anfang November bereits empfindlich kühle Temperaturen. Ein Jahr später war ich nochmal hier, um eine Oper zu besuchen und freute mich über das Goethezitat am überdachten Weg zur Oper.

Einmal kam ich nachts mit dem Zug in **Miltenberg** an und fand die Stadt in der nächtlichen Beleuchtung sehr ansprechend. Ich dachte an den Reiseschriftsteller Horst Krüger (1919-1999), den ich in meiner Jugend gerne gelesen hatte. Er lebte seit 1967 in Frankfurt und schrieb ganz begeisterte Berichte über Mainfranken. Miltenberg beschreibt er als mittelalterliches Städtchen, wie man es höchstens aus Hollywood-Filmen kennt. Spitzgiebelige Fachwerkhäuser mit vielen Erkern und Türmchen geschmückt.

Einmal war ich in **Marktbreit**, einer kleinen Stadt am Main Dort gibt es den unglaublich pittoresken Malerwinkel, wo ein rot-gelbes Fachwerkhaus mit sehr schmalem Sockel sozusagen halb auf einer Mauer sitzt und ein bisschen in einen Stadtbach hineinragt. Dahinter ist eine überbaute Brücke zu sehen. Doch ich vergaß völlig das Geburtshaus eines berühmten Arztes zu besuchen: sein Name Alois Alzheimer (1864-1915). Nicht weit von Marktbreit das ebenfalls schöne **Ochsenfurt**. Doch in Hörweite der

Altstadt, vor allem am Stadtgraben, brettern Fernzüge so laut vorbei, dass ich denke, oh Mann, Schade um den Ort.

Eine überraschend hübsche Kleinstadt ist auch **Iphofen.** Kommt man hier mit dem Zug an, sieht man das riesige Werk des Baumaterialienherstellers Knauf. Das Familienunternehmen Knauf hat weltweit 35000 Beschäftigte, achtmal mehr als Iphofen Einwohner hat. Knauf trägt finanziell auch zur Erhaltung der Iphofener Altstadt bei, was ihren guten Sanierungszustand teilweise erklärt. Iphofen hat mehrere historische Stadttore, aber keines ist so pittoresk wie das Rödelseer Tor mit seinem spitzen Mittelturm und der Sandstein-Fachwerk-Fassade. Mehrere Minuten brauche ich, bis ich es optimal abgelichtet hatte und nach dem Posten bekam es zahlreiche Likes.

Die unterfränkische Stadt **Haßfurt** in den Haßbergen hatte für mich nie einen guten Klang. Einmal besuchte ich die Stadt und war überrascht, wie schön sie ist. Vor allem das Alte Rathaus, das Bamberger Tor und die Stadthalle machen was her. Als ich Bilder im Internet unter Hassfurt postete, meldete sich eine Lektorin aus Nürnberg, Haßfurt geschrieben, würde es doch gleich viel besser aussehen.
Später kam ich nochmal nach Haßfurt. Ziel war eigentlich **Königsberg** in Bayern, doch das hat keinen Bahnanschluss. Bei Königsberg denkt man an Kant und Ostpreußen, aber auch in Bayern gibt es mit dieser kleinen Fachwerkstadt eines, auch, seltsam klingend, *Perle der Hassberge* genannt.

In Franken besuchte Städte: 74

<u>Top Städte</u>: **Nürnberg, Fürth, Bamberg, Rothenburg, Dinkelsbühl, Würzburg**

UNESCO-Welterbestädte : Bamberg

<u>Quermania-Städte:</u>
Dinkelsbühl, Bamberg, Pappenheim, Würzburg, Dettelbach, Ansbach, Rothenburg o.T., Coburg, Aschaffenburg, Bayreuth, Kulmbach, Kronach, Forchheim, Rothenfels, Miltenberg, Königsberg i.B., Rothenfels, Bad Kissingen, Weißenburg, Kulmbach, Kronach, Forchheim, Ochsenfurt, Erlangen, Greding, Wolframs Eschenbach, Schweinfurt, Seßlach, Lauf an der Pegnitz, Ellingen, Amorbach, Iphofen, Marktbreit, Kitzingen, Bad Staffelstein

<u>Andere besuchte Orte</u>
<u>Regierungsbezirk Unterfranken</u>
Bad Neustadt a.d. Saale, (Bürgstadt), Erlenbach, Haßfurt, Karlstadt, Klingenberg, Lohr, Mellrichstadt, Miltenberg, Münnerstadt, Volkach, Wörth am Main, Zeil
<u>Regierungsbezirk Mittelfranken</u>
(Cadolzburg), Erlangen, Fürth, Gunzenhausen, Heilsbronn, Hersbruck, Hilpoltstein, Lichtenau, Merkendorf, Neustadt an der A., Oberasbach, Roth, Schwabach, Stein, Treuchtlingen, Zirndorf
<u>Regierungsbezirk Oberfranken</u>
Bad Staffelstein, Burgkunstadt, Gößweinstein, Hallstadt, Hof, Kronach, Lichtenfels, Ludwigsstadt, Marktredwitz, Pegnitz, Pottenstein, Rehau, Seßlach

Die zehn Städte, welch mich am meisten beeindruckten

Regensburg

Regensburg ist seit 2006 auf der UNESCO Liste des Weltkulturerbes verzeichnet. Die fast 2000 Jahre alte Stadt überstand den Zweiten Weltkrieg unzerstört und hat eine vollständig erhaltene mittelalterliche Altstadt vorzuweisen. Ich bin immer gerne in Regensburg. Man kann in der Altstadt immer wieder Neues entdecken. Die Steinerne Brücke über die Donau ist immer einen Besuch wert. In Regensburg gibt es sogar ein Opernhaus. Das einzige bisher, in welchem ich ein Kruzifix hängen sah. Regensburg verbindet man auch immer mit der Familie von Thurn und Taxis, deren Stammsitz Schloss St. Emmeran unweit des Hauptbahnhofes ist und die vom Volksmund angeblich von *Tut und taugt nix* genannt wird.

Passau

Passau gehört zu den Städten, von denen Alexander von Humboldt angeblich behauptet hat, sie gehörten zu den sieben schönst-gelegenen der Welt. Passau liegt zwischen Höhenzügen auf einer Landzunge zwischen Inn und Donau. Vom Bayerischen Wald herunter fließt zudem die Ilz und macht Passau zur Dreiflüsse-Stadt. Zuletzt war ich im Februar 2019 in Passau, um hier eine Opernaufführung zu sehen. Dabei konnte ich auch noch verschiedene Kunstmuseen mitnehmen. Schnee hatte die Stadt verzuckert, die Sonne schien und Passau zeigte sich im besten Licht. Ich ging die Veste Oberhaus hinauf und schaute auf die Stadt runter und dachte, Wow, so ein schönes Stadtbild gibt es echt selten in Deutschland.

Landshut

Obwohl ich 8 Jahre in München wohnte, reiste ich als Bahnfahrer nie so gerne nach Landshut, denn die Innenstadt liegt sehr weit vom Bahnhof entfernt. Wenn man den Bus nicht nimmt ist das ein ewiger Fußmarsch durch nicht so tolle Vorstadtstraßen. Als ich da mal entlangging dachte ich an den bayerischen 1980er Jahre Song *'Landshut LA, da gfallt's dir narrisch, gei'* und schüttelte den Kopf über diese Zeilen und diese zu provinzielle Stadt. Erreicht man dann irgendwann die Isar, sieht man andererseits eine Insel und interessante historische Ensembles, die sich den Fluss entlangziehen. Die Länge und historische Anmutung der Altstadthauptstraße beeindrucken ebenfalls. Mit Erstaunen lese ich, dass der 130 Meter hohe Turm der Martinskirche der höchste Backsteinturm der Welt ist. Über der Stadt dann noch die Burg Trausnitz. Ich glaube, ich muss der Stadt nochmal eine Chance geben.

Straubing

Als ich im Mai 2019 nach Straubing fahre, bin ich gerade am Sammeln von Opernhäusern. Zufällig komme ich am Geburtshaus von Emanuel Schikaneder vorbei, der das Libretto für Mozarts Zauberflöte geschrieben hat. Am Rathaus, das nach einem Brand wiederaufgebaut wird, dann eine Plane mit einem Bild Joseph Fraunhofers. Nach diesem in Straubing geborenen Physiker ist die wissenschaftliche Fraunhofer-Gesellschaft benannt worden. In der Fraunhofer Straße 3 findet sich sein Geburtshaus. Es gibt sogar einen weiteren bekannten Straubinger: den Schlagersänger Rex Gildo (1936-1999). Er hat in der Stadt jedoch keine Spuren hinterlassen. Highlight Straubings ist der gotische Stadtturm, mit seinen fünf Spitzen, was man sonst eher in Ostmitteleuropa sieht. Geht man von der Altstadt zur Donau, findet man ein überraschend grünes und natürliches Ufer. Trotz Rhein-Main-Donaukanal hält sich der

Schiffsverkehr in Grenzen und zwischen Regensburg und Passau wurde die Donau, hier wegen ihrem ursprünglichen Zustand auch niederbayerischer Amazonas genannt, bisher kaum ausgebaut. Ein Glück für die Landschaft.

Amberg

Mit Amberg verbinde ich verschiedene Dinge: den Schriftsteller und langjährigen Titanic-Autor Eckhard Henscheid, der hier geboren ist und heute wieder hier lebt, die Stadtbrille, zwei Brückenbogen, die sich im Fluss Vils zur Brille spiegeln und das kleinste Hotel der Welt, das Ehäusl, in welchem nur 2 Personen (Eheleute) Platz finden. Bei einem Besuch im Juni 2020 finde ich die Stadt durchweg gut. Vom Bahnhof einen Katzensprung in die gut erhaltene Altstadt, gleich bin ich am Hotel und kann abends noch die Innenstadt erkunden. Die Stadtbrille erweist sich als sehenswert, mittlerweile ist, hinter einer Mauer versteckt, ein dritter Bogen hinzugekommen, und ich finde es überraschend, wie nahe die Basilika St. Martin am Wasser (die Vils) gebaut wurde. An der Vils kann man schön entlang spazieren. Im Jahre 2006 wurde durch den Oberpfälzer Künstler Wilhelm Koch in einem alten Gebäude am Fluss das *Luftmuseum* gegründet und mir gefällt die originelle Zusammenstellung luftbezogener Kunst sehr gut. Amberg nennt sich seither sogar *Luftkunststadt*. Corona-bedingt bin ich der einzige Museumsbesucher. Erstaunlich gut erhalten die Stadtmauer und läuft man den Wallgraben entlang kann man auf Platten Meilensteine der Amberger Geschichte erlesen. Und das ist immer noch nicht alles. Ich lasse mich mit einem Taxi zu den Glaswerken am Rande der Stadt fahren. Hier hat man den letzten Bau des Bauhausarchitekten Walter Gropius vor sich. Der Besuch in Amberg erweist sich so als sehr runde Sache und ich kaufe im Stadtmuseum einen Magneten, um Amberg in die Top-120 Liste aufzunehmen.

Kelheim

Im Frühjahr 2015 versuche ich, im Altmühltal ein paar Städte der Quermania-List abzuklappern. Das sind Riedenburg und Berching und zusätzlich Greding in Mittelfranken. Damals waren auch noch Kelheim, Beilngries und Dietfurt auf dieser Liste. In Kelheim beginne ich die Tour. Leider habe ich für die Stadt nach Fahrplan zu wenig Zeit. Sie erweist sich als überraschend hübsch mit verschiedenen Stadttoren, einer gut erhaltenen Altstadt mit zwei nebeneinander liegenden historischen Rathäusern. Hier erreicht zudem der Main-Donau-Kanal die Donau, die ab hier flussabwärts schiffbar ist, und es gibt sogar noch Reste des historischen Ludwigskanals. Über der Stadt die Befreiungshalle als weitere Sehenswürdigkeit. Ich muss unbedingt nochmal nach Kelheim zurückkommen.

Berching

Berching liegt am Main-Donau-Kanal und zusätzlich am alten Ludwigskanal. Damit nicht genug, es gibt noch den kleinen Fluss Sulz, der an der Stadtmauer, die die ganze Stadt umgibt und zahlreiche Tore und Türme besitzt, entlang fließt. Als ich dort bin, wird gerade die Erde umgewühlt, um außerhalb der Stadtmauer an der Sulz den Hans-Kuffer-Park anzulegen. Ich poste ein Bild des Flusses vor der Stadtmauer, von der ein recht langes gerade verlaufendes Stück zu sehen ist. Ein Kollege, der noch nie in der Oberpfalz war, kommentiert, hier gäbe es ja beeindruckende Städte, von denen er noch nie was gehört hätte.

Cham

In Cham war ich erst einmal. Die Stadt liegt relativ abgelegen im Bayerischen Wald. Selbst von Regensburg muss man nochmal in Schwandorf umsteigen. Was ich in Cham immer sehen wollte, ist die Florian-Geyer-Brücke über die Regen, die im Bernhard Wicki-Film *Die Brücke* (mit Schauspielern wie Fritz Wepper, Vicco von Bülow/Loriot, Günther Pfitzmann und Volker Lechtenbrink) aus dem Jahr 1959 eine wichtige Rolle spielte. Doch erst als ich dort war, erfuhr ich, dass 1991 die alte Brücke abgerissen und durch einen 1995 fertig gestellten Neubau ersetzt worden war. Aber auch so lohnt sich ein Besuch der kleinen Stadt mit ihrem schönen Marktplatz und dem pittoresken Biertor.

Deggendorf

Die Donau fließt in Niederbayern in einem natürlichen Flussbett (*Bayerischer Amazonas*) mit vielen kleineren Schlaufen. Die Bahnlinie folgt ihr erst ab Vilshofen, verläuft aber zwischen Regensburg und Vilshofen mehrere km südlich davon. Das hat dazu geführt, dass der kleine Ort Plattling Bahnknoten wurde und nicht etwa Deggendorf, wo die Bahnlinie vom Bayerischen Wald auf die Donau trifft. Als Bahnfahrer ohne Auto war ich deshalb schon öfters in Plattling, aber erst ein einziges Mal in Deggendorf. Deggendorf ist eine passable Mittelstadt mit schönem Treppengiebelrathaus und sehenswerter Grabkirche. Im Juni 2013 litt die Stadt unter einem verheerenden Hochwasser, weite Teile der Stadt wurden überschwemmt und erschütternde Bilder gingen durch die Medien.

Sulzbach-Rosenberg

Sulzbach-Rosenberg hielt ich immer für eine unattraktive Kleien Stahlstadt und kam nie, um die Stadt zu besichtigen. Erst im Mai 2020 holte ich dies nach. Mit einem Zug aus Nürnberg ankommend, fielen schon mal die Grünzüge und Teiche zwischen Bahnhof und Innenstadt auf. Die Altstadt lag dann attraktiv auf einem Höhenzug. Und dort gibt es nicht nur ein interessantes, rötlich gehaltenes mittelalterliches Rathaus. Sogar ein Schloss ist hier zu finden. Das ist also eine der Städte der Kategorie unbekannt bzw. unterschätzt. Auch literarisch, denn es gibt nicht nur ein Literaturhaus. Auf dem Weg zum Bahnhof fällt mir in einem Park erstmal ein Schillerstein auf. Zuvor hatte ich so einen noch nie gesehen. Er zeigt das Datum 09.5.1905. Das war der 100 Todestag Schillers.

Maxhütte

Im Jahre 2014 war ich einmal mit dem Zug von Regensburg nach Nabburg unterwegs. Ich wollte das `oberpfälzische Rothenburg´ sehen, welches mir ein Kollege empfohlen hatte. Der Fahrplan zeigte mir, dass ich in Maxhütte-Haidhof noch 27 Minuten Stopp machen könnte. Maxhütte (Maximilianshütte) ist nach dem gleichnamigen Stahlwerk benannt, welches 1990 in Konkurs ging. Zu sehen gibt es im Ort eigentlich wenig. Als ich aus dem Bahnhof komme, steht ein Taxi da. Ich beschließe, mich ins nahe **Burglengenfeld** fahren zu lassen, wo ein Kollege von mir herkam. Dort mache ich ein Foto des auffällig rot-weiß gestrichenen Rathauses. Die kleine Stadt an der Naab ist schnell zu überschauen und so frage ich den Taxifahrer, ob er über die Stadt Teublitz zurückfahren könnte. **Teublitz** ist noch winziger und überschaubarer und ich mache wieder ein Foto vom Rathaus. 5 Minuten vor Abfahrt des Zuges bin ich wieder am Bahnhof Maxhütte-Haidhof. Ich ärgere mich fast, dass ich den Taxifahrer nicht gebeten hatte, weiter vom Bahnhof entfernt zu halten, um noch ein bisschen Maxhütte begehen zu können. Immerhin, in 22 Minuten hatte ich somit 3 Städte gesehen (7.3 Minuten pro Stadt). Mein Schnellbesichtigungsrekord bisher.

Besuchte Städte Oberpfalz und Niederbayern: 33 (+2)

Top Städte (Deutschland Top 100+20)
Regensburg, Passau, Landshut, Berching, Amberg

UNESCO-Welterbestädte
Regensburg

Quermania-Städte:
Regensburg, Amberg, Berching, Weiden, Cham
Passau, Landshut, Straubing, Riedenburg

Andere besuchte Orte
Regierungsbezirk Oberpfalz
Auerbach, Burglengenfeld, Dietfurt, (Donaustauf),
Freystadt, Maxhütte H., Nabburg, Neumarkt, Neustadt
a.d.Waldnaab, Parsberg, Pfreimd, Roding, Sulzbach-
Rosenberg, Schwandorf, Teublitz, Vilseck.

Regierungsbezirk Niederbayern
Abensberg, Deggendorf, Dingolfing, Freyung,
(Gangkofen), Grafenau, Kelheim, Mainburg,
Neustadt/Donau, Neumarkt St. Veit, Plattling, Osterhofen,
Simbach, Vilsbiburg, Vilshofen

<u>13.3 Oberbayern</u>

<u>Die zehn Städte, welch mich am meisten beeindruckten</u>

München

In München habe ich 8 Jahre gelebt, aber München schätzte ich erst, als ich von dort weggezogen war. Als ich dort wohnte, gefielen mir viele Stadtteile wie Pasing oder Laim überhaupt nicht. Auch den Hauptbahnhof, den Gasteig oder die Münchner Freiheit fand ich nicht so toll. München ist in vieler Hinsicht auch eine abweisende Stadt, wo die Leute ihren Grant haben und man nicht so leicht ins Gespräch kommt. München, *Weltstadt mit Herz* und *Millionendorf*, alles nur Sprüche. Lässig ist München nur, wenn man viel Geld hat. Hat man wenig, kann die Stadt mit ihren teuren Mieten hart sein. Anstrengend ist es auch, zur morgendlichen Spitzenzeit in der übervollen S-Bahn zu stehen. Auch von bayerischen Originalen wie einst Karl Valentin (`Mögen hätt ich schon wollen, aber dürfen habe ich mich nicht getraut´) in der Stadt kaum mehr was zu sehen.
Als ich dann von München nach Karlsruhe zog, fehlte mir plötzlich die U-Bahn, das Großstädtische und auch das als Stadtteil in sich ruhende Schwabing, wo ich lange wohnte. Heute sehe die freundlichen Pastellfarben vieler Fassaden, den Reiz eines in einem relativen natürlichen Bett verlaufenden Flusses wie der Isar und das gute Kulturangebot mit zwei Opernhäusern und etlichen Kunstmuseen.

Ingolstadt

Als Münchner Kollegen einmal einen Betriebsausflug nach Ingolstadt machten, mussten sie erstmal aufklären, dass es sich dabei nicht nur um eine Industriestadt handelte, das Audi-Werk und Erdölraffinerien werden mit der Stadt assoziiert, sondern dass Ingolstadt auch eine sehenswerte historische Altstadt besitzt. Ingolstadt ist sogar wesentlich älter als München. Hier wurde 1472 die erste bayerische Universität gegründet. In Mary Shelleys Roman *Frankenstein* studierte Viktor Frankenstein Medizin in Ingolstadt.

Ingolstadt war zudem lange Landesfestung und die Festungsanlagen haben im Stadtbild deutliche Spuren hinterlassen. Bisher war ich erst viermal in Ingolstadt. Ein Nachteil für mich war immer die weite Entfernung des Hauptbahnhofes von der Innenstadt. Bei meiner letzten Ingolstadtreise im Januar 2017 besuche ich das Museum für konkrete Kunst. Dieses sollte bis 2019 in eine umgebaute historische Gießereihalle ziehen. Ich beschließe wiederzukommen, sobald das neue Museumsgebäude eröffnet ist. Doch wie immer dauert alles länger. Auch im Frühjahr 2020 gibt es noch keinen genauen Eröffnungstermin.

Eichstätt

Das erste Mal war ich vor über drei Jahrzehnten in Eichstätt. In Architekturzeitschriften wurde diese kleine Stadt damals mit viel Lob bedacht. Zum einen hat das im Krieg unzerstört gebliebene Eichstätt als fürstbischöfliche Residenzstadt ein reiches architektonisches Erbe vorzuweisen. Zum anderen wurde dieses durch den Architekten Karljosef Schattner, seit 1957 Leiter des Diözesan- und seit 1972 zudem des Universitätsbauamtes, auf behutsame Weise weiterentwickelt. 1991 ging Schattner in Ruhestand. Ich fand damals eine atmosphärische Kleinstadt mit hoher Dichte an sehenswerten Bauten vor. Im Juni 2020 schaffe ich endlich einen Zweitbesuch. Schon der moderne kombinierte Bahnhof/Busbahnhof war originell. Man ist schnell in der in einer Flussschleife gelegenen kompakten Innenstadt, die von stattlichen Barockbauten geprägt ist. Das einzige Problem war, einen Kühlschrankmagneten aufzutreiben. Ich musste die Stadt unbedingt in die Top-Liste aufnehmen.

Neuburg

Im Juli 2019 komme ich gerade von einem Besuch der kreisrunden Ries-Stadt Nördlingen. Die hatte mich weniger begeistert, als erwartet. Nun will ich eine Opernaufführung im Stadttheater Neuburg an der Donau sehen. In Neuburg war ich noch gar nicht so richtig. Im Studium in den 1980er Jahren waren wir bei einer Exkursion an der Stadt vorbeigefahren, man sah die ansprechende Silhouette der Stadt und eine Exkursionsleiterin meinte, fahren Sie mal nach Neuburg, der Besuch lohnte sich. Nach vielen Jahren komme ich jetzt also mal endlich dazu, die Stadt genauer anzuschauen.

Die Altstadt erhebt sich über die Donau zum perfekten Postkartenblick, am besten zu betrachten vom Englischen Garten, der ein bisschen donauabwärts liegt. Auf dem Altstadthügel selbst unglaublich pittoreske Barock-Ensembles von Schloss, Rathaus und Stadthäusern. Und dann noch ein historisches Stadttheater, in welchem seltene Opern aufgeführt werden. Ich bin ganz geflasht von dieser Stadt. Als ich am späten Nachmittag ankomme, hat sogar noch die Touristeninformation offen und ich kann einen Kühlschrankmagneten kaufen und die Stadt in die Sammlung der 100 Top-Städte Deutschlands aufnehmen.

Wasserburg am Inn

In Wasserburg am Inn war ich erst zweimal. Einmal stand ich während einer geographischen Exkursion am Hang über dem Fluss und konnte auf ein perfektes Bild herabschauen: eine gut erhaltene historische Stadt mit der typischen giebellosen Innviertelarchitektur, die sich harmonisch in die spitze Schleife des Inns schmiegt. Beim zweiten Mal zog während der Schienenbusfahrt von Ebersberg nach Wasserburg-Bahnhof ein Gewitter auf, und das Ferkeltaxi wurde von einem Sturm mit Regenschauer durchgerüttelt.

Das erinnerte mich an einen Vorfall in den 1980er Jahren. Ein Lokführer hatte seine S-Bahn am Bahnhof Wasserburg verlassen, weil er dringend aufs Klo musste. Dabei vergaß er, die Bremsen anzuziehen. Die S-Bahn machte sich selbständig und rollte, dem Gefälle folgend, Richtung Inn. Erst am Bahnhof Wasserburg kam sie zum Stehen.

Freising

In Freising hatte ich am Ende des Studiums mal für ein paar Monate im Studentenheim gewohnt. So lernte ich diese Mittelstadt kennen. Besonders gefiel mir der Blick vom Endmoränenhöhenzug über das Erdinger Moos. Man sah die nahe Baustelle des neuen Flughafens München-Erding (der jedoch viel näher an Freising lag), welcher 1992 eröffnet wurde. Beeindruckend auch der Domberg Freisings. In Freising gibt es nicht nur viele Hügel, sondern auch überraschend viele Gewässer. Die Isar ist zwar im Altstadtbild nicht sichtbar, aber es gibt noch die Moosach mit mehreren Armen. Ging ich vom Bahnhof in die Innenstadt, kam das mir immer fast wie ein Klein-Venedig vor. Hinter der Hauptstraße noch die Herrenmoosach, die ein kleines Fischerviertel durchfließt. Als ich Jahre später meine Freising-Begeisterung anderen Besuchern vermitteln wollte, schaffte ich das jedoch nie ganz, da ich immer Pech mit dem Wetter hatte, das Wasser strömte von oben.

Rosenheim

In Rosenheim war ich noch gar nicht so oft, obwohl es recht nahe bei München liegt, wo ich 8 Jahre lebte. Und nur zweimal habe ich es geschafft, vom Rosenheimer Bahnhof in die Innenstadt zu laufen. Der Bahnhof liegt auch ein bisschen weit von der Altstadt entfernt. Einst gab es einen stadtzentrumsnäheren Bahnhof. Davon ist noch der Lokschuppen vorhanden und darin finden oft Kunstausstellungen statt. Schon lange wollte ich den

Lokschuppen besuchen, doch bei meinem letzten Besuch Ende November 2019 war dieser geschlossen. Auch die im Internet gebuchte Übernachtungsstätte war geschlossen. Es war Mitternacht und kalt und so kam keine richtige Rosenheim-Begeisterung auf. Gut, dass ich den Apartmentbesitzer noch aus dem Schlaf klingeln konnte und den Schlüssel bekam. Endlich konnte ich die Stadt entspannter betrachten und musste an den 1980er Jahre Slogan denken, mit dem die wirtschaftsstarke Stadt Arbeitskräfte anlocken wollte, `*Arbeiten, wo andere Urlaub machen'*.

☞1987 kam der Percy Adlon Film *Out of Rosenheim* in die Kinos. Marianne Sägebrecht spielte darin die Protagonistin aus Rosenheim und mit dem Film gelang ihr ein internationaler Durchbruch.

Garmisch-Partenkirchen

Garmisch-Partenkirchen ist Verwaltungssitz des Kreises, ohne selbst Stadt zu sein. Als Erholungsort legt man auf den Titel Stadt hier keinen großen Wert. Funktional als Oberzentrum mit 27 000 Einwohnern ist es aber eine Stadt.

Das erste Mal, als ich Garmisch-Partenkirchen besuchte, lief ich durch den Ortsteil Partenkirchen und fand ihn nicht besonders sehenswert. Erst später entdecke ich die gemütlichen Straßen des Ortskerns von Garmisch und muss mein Urteil revidieren. Mein Geographieprofessor meinte einmal, die beiden Ortsteile wären sich so spinnefeind, dass sie sagten, die anderen, das wäre eine andere Rasse. Bei meinem Besuch im September 2015 löse ich endlich ein Ticket der Zugspitzbahn. Bei früheren Besuchen hatten mich die hohen Preise dieser Zahnradbahn abgeschreckt. Endlich erlebe ich ein Highlight einer Reise nach Garmisch, die Fahrt die Zugspitze hoch. Und man muss nicht mal denselben Weg zurücknehmen. Hinunter nehme ich die Seilbahn nach Ehrwald in Tirol. Landschaft und Ortsbild machen Garmisch für mich zu den beeindruckendsten Orten Deutschlands. Später werde ich zum Opernfan und mir wird bewusst, dass der Komponist Richard Strauss (1864-1949) lange in Garmisch-Partenkirchen gelebt hat und dass in seiner Villa das Richard-Strauss Institut beheimatet ist. Also ein Grund, nochmal hinzufahren.

Landsberg (Lech)

Als ich in München studierte war ich oft per Bahn in mein heimatliches Allgäu unterwegs. In Kaufering erreichte der Zug den Lech und damit die Grenze zwischen dem baierischen und dem schwäbischen Sprachraum. Westlich vom Lech sagte man für nicht *it,* und das klang für mich immer sehr heimatlich. Im Bahnhof Kaufering sah man einen Anschlusszug, der die kurze Strecke nach Landsberg fuhr. Oft dachte ich, da müsste ich mal hin. Zu Landsberg hatte man ein zwiespältiges Verhältnis. In Landsberg gab es die JVA, ein Gefängnis, in welchem einst Adolf Hitler und andere NS Größen einsaßen und wo Hitler *Mein Kampf* schrieb. Im Dritten Reich hatte Landsberg deshalb eine besondere Rolle inne und in der Nähe der Stadt gab es Konzentrationslager. Und dann gab es einst noch ein größeres Landsberg an der Warthe, welches heute in Polen liegt. Wenn man dann Landsberg besuchte, fand man ein beschauliches, aber sehenswertes bayerisches Städtchen vor, das eine Besonderheit hatte: ein breites tosendes Lechwehr am Rande der Altstadt.

Burghausen

Burghausen im wirtschaftsstarken bayerischen Chemiedreieck, dem *Silicon Valley an der Salzach,* (Wacker Chemie), liegt mit einer schmalen Altstadt langgezogen an der Salzach und wäre nichts Besonderes, gäbe es nicht die Burg, die im Guinness Buch der Rekorde als längste

Burganlage der Welt eingetragen ist (1051m). Im Frühjahr 2013 besuche ich die Stadt und das Robert-Gerlich-Fotomuseum in der Burg. Abgesehen von der Burg gibt es ein Altstadtgebäude, welches mir besonders in Erinnerung geblieben ist: der blau gestrichenen Stadtsaal mit seinen drei Türmchen.

☞Auf dem Weg von Burghausen ins Allgäu kam ich im schönen Wallfahrtsort **Altötting** vorbei, wo die Gnadenkapelle mit den alle Wände bedeckenden Votivbildern beeindruckt.

Besuchte Städte in Oberbayern: 45 (+6 Orte ohne Stadtstatus)

Top Städte (Deutschland Top 100+20)
München, Eichstätt, Ingolstadt

Quermania-Städte:
Neuburg, München, Wasserburg, Burghausen, Landsberg, Bad Reichenhall, Tegernsee, Ingolstadt, Eichstätt, Freising, Rosenheim, Altötting, Bad Tölz, Mühldorf am Inn, Schongau, Fürstenfeldbruck, Neuötting

Andere besuchte Orte

Bad Tölz, Beilgries, (Berchtesgaden), Dachau, (Dießen am Am.) Dorfen, Ebersberg, Eichstätt, Erding, Freilassing Garching bei M. (Garmisch-Parten.), Geretsried, Germering, Grafing bei M., (Holzkirchen), (Kaufering), Laufen, Markt Indersdorf, Moosburg, Neumarkt St. Veit, Neuötting, Olching (Peißenberg) (Peiting), Pfaffenhofen Puchheim, Schongau, Schrobenhausen, Starnberg Tegernsee, Unterschleißheim, Weilheim, Wolfratshausen

---

Die 10 Städte, welche mich am meisten beeindruckten

Augsburg

Als ich in München studierte, fuhr ich immer gerne nach Augsburg. Denn die Stadt war per Bahn nur eine halbe Stunde entfernt und hat einen schönen Hauptbahnhof aus dem Jahre 1846. Dieser wird oft als Bürklein-Bau bezeichnet, Bürklein erbaute auch den alten Bahnhof von München, dabei stammte der Originalbau von Eduard Rüber. Der in Augsburg geborene Bertolt Brecht (1898-1956) meinte angeblich, das Beste an Augsburg wäre der D-Zug nach München. Bei meinem letzten Besuch im Herbst 2018 gehe ich zum Brechthaus sowie zum Leopold-Mozart-Haus im Domviertel, das gerade im Zuge des anstehenden 300. Geburtstages des Vaters von Wolfgang A. Mozart (1719-1787) umgebaut wurde. Augsburg wirkt manchmal wie eine Kleinstadt, ist aber groß genug, verwunschene Ecken zu haben. Dazu gehört etwa das Bächeviertel hinter dem Rathaus oder die Sozialsiedlung Fuggerei.

Lindau

Lindau ist für mich die beste Kleinstadt Deutschlands. Kommt man aus dem Hauptbahnhof und sieht den Hafen mit seinem Leuchtturm, den Schiffen und den Bergen am Horizont, geht einem das Herz auf. Besuchern, die ich hierherführte, stießen spontan ein Oh aus. Die auf einer Insel gelegene Altstadt ist selbst sehr pittoresk mit Gebäuden wie einem bemalten Rathaus und interessanten Uferwegen. Lindau hat sogar kulturell einiges zu bieten wie mehrere Kunstmuseen und Ausstellungshallen und eine Marionettenoper. Von hier ist man auch schnell in Österreich und der Schweiz. Wenn man mit dem Zug den

Damm überquert und aus dem Fenster sieht, ist man überrascht den riesigen Bodensee vor sich zu sehen.

Kempten

Kempten ist sozusagen die Hauptstadt des Allgäus. In meiner Kindheit fuhren wir zum Einkaufen dorthin, hier gab es Verbrauchermärkte und Kaufhäuser. Die erste Stadt, wo ich Rolltreppen sah, sie kam mir deshalb wie eine Großstadt vor. Wenn ich heute per Bahn nach Kempten komme, sehe ich die Stadt kritischer. Der gesichtslose und nüchterne 1960er Jahre-Durchgangsbahnhof liegt weit vom Stadtzentrum und der Weg dahin führt öde Straßen entlang. Man kommt dabei am Standort des 1969 geschlossenen Kopfbahnhofes vorbei. Meine Mutter erzählt dazu immer wieder, wie die amerikanischen Besatzungssoldaten im September 1946 an der Iller ein Kinderfest organisierten, wo sogar Schokolade verteilt wurde. Aus dem ganzen Allgäu strömten Kinder herbei. Der Illersteg war dem nicht gewachsen und stürzte vor ihren Augen ein. Nun musste meine damals 15jährige Mutter die Führung der Kinderschar des Dorfes übernehmen, einen anderen Weg über die Iller suchen und den Bahnhof finden. Als sie am Ende einer Straße endlich den Kopfbahnhof sah, war sie erleichtert. Dort kratzen sie ihre letzten Reichspfennige zusammen, kauften eine Sammelfahrkarte, fuhren mit der Isnybahn bis Schwarzerd und liefen 6 km durch ein Tobel ins Heimatdorf Wengen. In Kempten fehlt irgendwie ein Ausgehviertel, die Altstadt ist nicht sehr belebt. Im Studium meinte mal ein Kommilitone, Kempten wäre ja kneipenmäßig so tot, in Memmingen viel mehr los. Kempten hat auch kein richtiges Kunstmuseum, nur eine Kunsthalle, mit oft nur mäßig interessanten Ausstellungen. Trotzdem hat Kempten Selbstbewusstsein, denn es liegt zentral im Allgäu, ist größer als andere Städte der Region, wurde bereits von den Römern gegründet, ist also eine der ältesten Städte Deutschlands.

Memmingen

Memmingen, *die Stadt der Tore, Türme und Giebel,* liegt im relativ flachen Unterallgäu und gehört für Oberallgäuer eigentlich gar nicht mehr zum Allgäu, eher zu Oberschwaben. Memmingen ist kompakter als Kempten und hat kulturell mehr zu bieten. Es gibt eine Kunsthalle und mehrere Kunstmuseen, eines für die Memminger Künstlerfamilie Strigel. Auch ein Landestheater gibt es, wo sogar Opern aufgeführt werden. Die Innenstadt wird von kleinen Bachläufen durchflossen, manche Ecken könnten fast den Beiname Klein-Venedig tragen. Und, anders als Kempten, besitzt Memmingen sowohl einen schönen modernen Bahnhof, von welchem die Altstadt fußläufig zu erreichen ist und alte Bahnhofsnebengebäude, die heute eine Kunsthalle beherbergen.

Kaufbeuren

Kaufbeuren ist kein Bahnknoten wie etwa Kempten oder Memmingen. Der Bahnhof ist ein winziger nüchterner Zweckbau. Das war mir schon zu Studentenzeiten aufgefallen und dieser erste Eindruck der Stadt schreckte mich lange ab, sie genauer zu besichtigen. Später erfuhr ich, dass Kaufbeuren literarisch eine Art Geniewinkel ist. Sophie von la Roche (1730-1807), Ludwig Ganghofer (1855-1920) und Hans Magnus Enzensberger (*1929) wurden in Kaufbeuren geboren. Als ich letztes Mal nachts in der historischen Innenstadt war, erschloss sich mir jedoch die Quelle der Inspiration nicht. Vielleicht braucht man viel Zeit, die Geheimnisse von Kaufbeuren zu erspüren.

☞Ein weiterer schwäbischer Geniewinkel ist mithin **Immenstadt**: hier wurden der Maler Johann Georg Grimm (1846-1887), der die Freiluftmalerei in Brasilien einführte (2018 sah ich eine Gedenktafel in Bühl am Alpsee), sowie der Countertenor Klaus Nomi geboren (1944-1983).

Füssen

Füssen ist eine wunderschöne Kleinstadt am Lech, unweit des Stausees Forggensee. Viele, vor allem japanische und amerikanische Touristen, kommen hierher, um das nahe gelegene Schloss Neuschwanstein zu besichtigen. Aber die Stadt selbst lohnt mit ihrem Schloss und der pittoresken Altstadt am Lech, umgeben von herrlicher Alpenlandschaft, einen Besuch. Füssen gehört zu den am südlichsten gelegenen Städten Deutschlands. In der alten Bundesrepublik schrieb man auch *von Flensburg bis Füssen*, wenn man das ganze Land meinte.

Nördlingen

Nördlingen ist eine kreisrunde historische Kleinstadt im Nördlinger Ries, welche vollständig von einer Stadtmauer umgeben ist. Im Jahr 1999 besuchte ich die Stadt mit einer rumänischen Freundin und diese war überrascht, dass man auf der Stadtmauer ganz um die Stadt gehen konnte. Im Sommer 2019 war ich nochmal hier, aber es stellte sich nicht dieselbe Begeisterung ein. Die Stadt ist sehr schön, aber irgendwie fehlen auch spezielle Highlights und Aha-Effekte. Noch am selben Tag besuchte ich Neuburg an der Donau und wurde dort so richtig geflasht.

Neu-Ulm

Das Beste an Neu-Ulm ist der Blick auf Ulm, sagen die Ulmer. Und das ist wirklich so. An einem sonnigen Herbsttag, bei buntem Laub auf der Neu-Ulmer Seite die Donau entlang spazieren und dann auf die Ulm-Silhouette mit Münster, Stadtmauer und Altstadthäusern zu blicken, perfektere Stadtansichten sieht man kaum. Bei meinem letzten Aufenthalt ging ich danach Richtung Neu-Ulm-Zentrum und besuchte das dem Bildhauer Edwin Scharff (1887-1955) gewidmete sehenswerte Skulpturenmuseum.

Dillingen

In Bayerisch Schwaben gibt es an der Donau etliche sehenswerte Kleinstädte wie Günzburg und Donauwörth. Am besten gefiel mir bei meinen letzten Besuchen im Jahr 2014 Dillingen. Dillingen ist architektonisch (Barock) aus einem Guss, es gibt Kirchen und riesige Klosteranlagen, Stadttore und sogar eine ehemalige Universität.

Wasserburg am Bodensee

Ein Teil des kleinen pittoresken Ortes Wasserburg ragt als Halbinsel in den Bodensee hinein. Kommt man mit dem Zug an, sieht man gegenüber vom Bahnhof eine Gastwirtschaft, die einst von Walsers Mutter betrieben und wo der Schriftsteller 1927 geboren wurde.

Besuchte Städte in Schwaben: 40

<u>Top Städte:</u> **Augsburg, Lindau, Füssen, Nördlingen**

<u>Quermania-Städte:</u> Augsburg, Lindau, Nördlingen, Kaufbeuren, Memmingen, Kempten, Füssen, Dillingen, Donauwörth, Weißenhorn, Günzburg.

<u>Andere besuchte Orte</u>
Aichach, (Bad Grönenbach), Bad Wörishofen (Bad Hindelang), Buchloe, Burgau, Friedberg,Gundel-fingen, Günzburg, Harburg, (Heimenkirch), Höchstädt, Ichenhausen Immenstadt, Illertissen, Krumbach, Lauingen, Leipheim, (Legau), Lindau, Lindenberg, Marktoberdorf, (Mering), Mindelheim, Neusäß, Neu-Ulm, (Obergünz-burg), (Oberstaufen), (Oberstdorf), Oettingen, (Otto-beuren), (Pfronten), Schwabmünchen, Sonthofen, Vöhringen, (Wasserburg), Weißenhorn, (Schwangau), Senden, (Weitnau), Wemding, Wertingen.

Anhang

1. Von mir besuchte Städte und Gemeinden nach Bundesländern

Region	Besichtigte Städte (+ andere Orte)	Gesamtzahl der Städte	% gesehen
Berlin Brandenburg	66 (+4)	114	58
Mecklenburg-Vorpommern	37 (+4)	84	44
Sachsen-Anhalt	38	104	37
Thüringen	34	118	29
Sachsen	42	169	25
Hamburg Schleswig-Holstein	29	64	45
Bremen Niedersachsen	84 (+1)	161	52
NRW	202	272	74
Hessen	95	191	50
Rheinland-Pfalz	72	129	56
Saarland	17	17	100
Baden-Württemberg	169 (+7)	312	54
Bayern	191 (+20)	317	59
Deutschland	1067 (+36)	2052	52

2. Historische Stadt- und Ortskerne in NRW
(59 Städte und Orte)

Orts-kerne	Aachen-Kornelimünster, Bad Berleburg-Elsoff, Bedburg-Kaster, Bergneustadt, Blankenheim Dahlem-Kronenburg, Hallenberg, Hattingen-Blankenstein, Hellenthal-Reiferscheid, Hennef-Bad Blankenberg, Herten - Westerholt, Korschenbroich-Liedberg, Mechernich-Kommern, Meschede-Eversberg, Nideggen, Nieheim, Schleiden-Olef, Solingen-Gräfrath, Stolberg-Breinig, Wachtendonk
Stadt-kerne	Arnsberg, Bad Berleburg, Bad Lasphe, Bad Münstereifel, Bad Salzuflen, Blomberg, Brakel,, Detmold, Düsseldorf-Kaiserswerth, Freudenberg, Hattingen, Horn- Bad Meinberg, Höxter, Hückeswagen, Kalkar, Kempen, Krefeld-Linn, Lemgo, Lippstadt, Lügde, Minden, Monschau, Remscheid-Lennep, Rheda-Wiedenbrück, Rietberg, Schieder.Schwalenbeck, Schmallenberg, Siegen, Soest, Steinfurt-Burgsteinfurt, Siegen, Stolberg, Tecklenburg, Telgte, Unna, Velbert-Langenberg, Warburg, Warendorf, Werl, Werne

Quelle: https://www.hso-nrw.de/

3. Historische Stadtkerne in Brandenburg

Quelle: http://www.ag-historische-stadtkerne.de/31-stadtkerne/